国家农业图书馆 农业大数据与信息服务联盟

全国农科院系统科研产出统计分析报告

（2011—2020年）

中国农业科学院农业信息研究所　组织编写

中国农业科学技术出版社

图书在版编目（CIP）数据

全国农科院系统科研产出统计分析报告.2011—2020
年／中国农业科学院农业信息研究所组织编写 . --北京：
中国农业科学技术出版社，2021.12

ISBN 978-7-5116-5614-8

Ⅰ.①全…　Ⅱ.①中…　Ⅲ.①农业科学院-科技产出
-统计分析-研究报告-中国-2011-2020　Ⅳ.①S-242

中国版本图书馆 CIP 数据核字（2021）第 261170 号

责任编辑	徐定娜
责任校对	贾海霞
责任印制	姜义伟　王思文

出 版 者	中国农业科学技术出版社
	北京市中关村南大街 12 号　邮编：100081
电 话	（010）82105169（编辑室）　　（010）82109702（发行部）
	（010）82109709（读者服务部）
传 真	（010）82106650
网 址	http://www.castp.cn
经 销 者	各地新华书店
印 刷 者	北京建宏印刷有限公司
开 本	185 mm×260 mm　1/16
印 张	18.5
字 数	477 千字
版 次	2021 年 12 月第 1 版　2021 年 12 月第 1 次印刷
定 价	128.00 元

《全国农科院系统科研产出统计分析报告（2011—2020年）》

专家委员会

梅旭荣　孙　坦　杨　鹏　王莉茜　谢江辉　李泽福　王之岭
苟小红　汤　浩　马忠明　易干军　陆宇明　周维佳　张春义
孙世刚　卫文星　来永才　余锦平　余应弘　董英山　沈建新
张爱民　潘荣光　修长百　李月祥　万书波　赵志辉　段晓明
程　奕　杨　勇　周　平　冯东河　戴陆园　戚行江

编委会

主　　任：周清波
副 主 任：赵瑞雪

主　　编：赵瑞雪　朱　亮　寇远涛　鲜国建
副 主 编：赵　华　孙　媛　叶　飒　季雪婧　顾亮亮　金慧敏
　　　　　张　洁
编　　委：（按姓氏汉语拼音排序）：
　　　　　曹宗喜　陈　沫　楚小强　戴俊生　樊廷录　冯　锐
　　　　　付江凡　何　鹏　侯安宏　黄　界　黄峰华　李　捷
　　　　　李丹妮　李荣福　李伟锋　李英杰　刘桂民　刘海礁
　　　　　刘学文　马辉杰　欧　毅　彭秀媛　任　妮　阮怀军
　　　　　宋庆平　孙素芬　孙英泽　覃泽林　王凤山　吴卫成
　　　　　曾玉荣　赵泽英　庄　严
参编人员（按姓氏汉语拼音排序）：
　　　　　陈　华　陈　洁　葛　瑾　宫晓波　郭　婷　侯云鹏
　　　　　胡　婧　黄力士　姜　辉　李　季　龙　海　陆光顺
　　　　　齐世杰　苏小波　孙　亮　唐江云　陶　祥　王　婧
　　　　　王　莉　王　琼(新疆农垦科学院)　王　琼(新疆畜牧科学院)
　　　　　王晓伟　伍　凯　夏立村　肖楚妍　杨兰伟　臧贺藏
　　　　　翟国伟　张志娟　赵　佳　赵俊利　周　蕊　周舒雅

说　明

统计说明

《全国农科院系统科研产出统计分析报告（2011—2020 年）》是对农业农村部部属"三院"及部分省（自治区、直辖市）农（垦、牧）业科学院共 33 家农业科研机构近十年（2011—2020）科技期刊论文、获奖成果、国内专利产出情况的客观统计，未进行统计对象间的对比分析。科技期刊论文统计数据来源于科学引文索引数据库（Web of Science，WOS）、中国科学引文数据库（CSCD）、中国知网（CNKI）、万方数据，获奖科技成果统计数据来源于国家科技成果网，国内专利统计数据来源于国家知识产权局，科技期刊论文统计数据截止日期为 2021 年 9 月，由此可能造成部分已发表的论文数据未纳入本次统计范围，相关统计结果可能与实际发文情况存在误差。现将统计分析报告编制有关事项说明如下。

统计对象

农业农村部所属"三院"即中国农业科学院、中国水产科学研究院、中国热带农业科学院，以及安徽省农业科学院、北京市农林科学院等部分省（自治区、直辖市）农（垦、牧）业科学院，共 33 家农业科研机构，详细名单见下表。

表　报告统计对象详细名单

序号	单位名称	序号	单位名称
1	中国农业科学院	10	广西农业科学院
2	中国水产科学研究院	11	贵州省农业科学院
3	中国热带农业科学院	12	海南省农业科学院
4	安徽省农业科学院	13	河北省农林科学院
5	北京市农林科学院	14	河南省农业科学院
6	重庆市农业科学院	15	黑龙江省农业科学院
7	福建省农业科学院	16	湖北省农业科学院
8	甘肃省农业科学院	17	湖南省农业科学院
9	广东省农业科学院	18	吉林省农业科学院

（续表）

序号	单位名称	序号	单位名称
19	江苏省农业科学院	27	天津市农业科学院
20	江西省农业科学院	28	西藏自治区农牧科学院
21	辽宁省农业科学院	29	新疆农垦科学院
22	内蒙古自治区农牧业科学院	30	新疆农业科学院
23	宁夏农林科学院	31	新疆畜牧科学院
24	山东省农业科学院	32	云南省农业科学院
25	上海市农业科学院	33	浙江省农业科学院
26	四川省农业科学院		

统计分析报告构成

《全国农科院系统科研产出统计分析报告（2011—2020 年）》包括两部分：科技期刊论文、获奖成果、国内专利产出总体情况统计，统计对象分报告。

（1）科技期刊论文、获奖成果、国内专利产出总体情况统计

汇总统计 33 家农业科研机构近十年（2011—2020 年）科技期刊论文、获奖成果、国内专利总体及分年度产出情况。

（2）统计对象分报告

对某一统计对象及其所属二级机构近十年（2011—2020 年）科技期刊论文产出情况进行分项统计分析。

统计数据来源

（1）科技期刊论文数据

英文科技期刊论文数据来源于科学引文索引数据库（Web of Science，WOS）收录文献类型为期刊论文（ARTICLE）、会议论文（PROCEEDINGS PAPER）和述评（REVIEW）的 Science Citation Index Expanded（SCIE）论文数据。本次统计论文发表年份范围为 2011—2020 年，数据统计截止时间为 2021 年 9 月。

中文科技期刊论文数据来源于中国科学引文数据库（CSCD）、中国知网（CNKI）、万方数据，本次统计论文发表年份范围为 2011—2020 年，数据统计截止时间为 2021 年 9 月。

（2）获奖科技成果数据

国家级获奖科技成果包括国家自然科学奖、国家技术发明、国家科学技术进步奖三

类。省部级获奖科技成果本次仅统计"神农中华农业科技奖"成果，包括 2011—2020 年评选的 2012—2013 年度、2014—2015 年度、2016—2017 年度、2018—2019 年度、2020—2021 年度五次获奖成果。获奖科技成果数据来源于国家科技成果网。

（3）国内专利数据

国内专利数据包括发明专利、实用新型专利和外观设计专利三类，本次仅统计 2011—2020 年已获授权的专利。国内专利数据来源于国家知识产权局。

（4）机构规范数据

本次 33 个统计对象均为我国国家级或省（自治区、直辖市）农（垦、牧）业科学院，其规模较大，建设历史较长，期间机构调整及变动较多。为保证统计结果的准确，报告编制团队对 33 个统计对象本级及其二级机构信息进行了规范化处理，重点是机构的中外文规范名称、别名等，其中别名所含信息包括了机构历史沿革名称（拆分、合并、调整等）。

统计分析指标说明

本报告采用的指标均为客观实际的定量评价指标，现将相关统计分析指标的内涵、计算方法简要解释如下。

（1）发文量

包括英文发文量和中文发文量。英文发文量是指统计对象于 2011—2020 年在 WOS 数据库 SCIE 期刊上发表的全部论文数量。中文发文量包括北大中文核心期刊发文量、CSCD 期刊发文量，北大中文核心期刊发文量是指统计对象于 2011—2020 年发表的北大中文核心期刊论文数量，CSCD 期刊发文量是指统计对象于 2011—2020 年发表的中国科学引文数据库（CSCD）期刊论文数量。

（2）发文期刊 JCR 分区

2011—2020 年统计对象所发表英文论文发文期刊所在 WOSJCR 分区情况，按年度统计每一分区的发文数量。

（3）高发文研究所

2011—2020 年中英文论文发文量排名前十的统计对象所属二级单位。

（4）高发文期刊

2011—2020 年刊载统计对象所发表中英文论文数量排名前十的科技期刊，英文期刊包括期刊名称、发文量、WOS 所有数据库总被引频次、WOS 核心库被引频次、期刊最近年度影响因子（来源于 JCR）。中文期刊包括期刊名称、发文量，按北大中文核心期刊、CSCD 期刊分类进行统计。

（5）合作发文国家与地区

2011—2020 年与统计对象合作发表英文论文（合作发文 1 篇以上）的作者所来自国家和地区，按照合作发文的数量排名取前十名，包括国家与地区名称、合作发文量、WOS 所有数据库总被引频次、WOS 核心库被引频次。

（6）合作发文机构

2011—2020 年与统计对象合作发表中英文论文的作者所属机构，按照合作发文的数量排名取前十名。

（7）高频词

2011—2020 年统计对象所发表全部英文论文关键词（作者关键词）按其出现频次排名前二十者。

免责声明

在本报告的编制过程中，我们力求严谨规范，精益求精。但由于统计年限较长、数据源收录数据完整性、统计对象机构变化调整等原因，可能存在部分统计结果与统计对象实际期刊论文和获奖成果产出情况不完全一致，报告内容疏漏与错误之处恳请广大读者批评指正。

目　录

全国农科院系统期刊论文及获奖科技成果产出总体情况统计表 ················ （1）

   1　英文期刊论文发文量统计 ···································· （1）

   2　中文期刊论文发文量统计 ···································· （3）

   3　获奖科技成果统计 ·· （7）

   4　国内专利统计 ··· （11）

中国农业科学院 ··· （21）

   1　英文期刊论文分析 ·· （21）

   2　中文期刊论文分析 ·· （25）

中国水产科学研究院 ··· （29）

   1　英文期刊论文分析 ·· （29）

   2　中文期刊论文分析 ·· （33）

中国热带农业科学院 ··· （37）

   1　英文期刊论文分析 ·· （37）

   2　中文期刊论文分析 ·· （41）

安徽省农业科学院 ··· （45）

   1　英文期刊论文分析 ·· （45）

   2　中文期刊论文分析 ·· （49）

北京市农林科学院 ··· （53）

   1　英文期刊论文分析 ·· （53）

   2　中文期刊论文分析 ·· （57）

重庆市农业科学院 ··· （61）

   1　英文期刊论文分析 ·· （61）

   2　中文期刊论文分析 ·· （65）

福建省农业科学院 ··· （69）

   1　英文期刊论文分析 ·· （69）

   2　中文期刊论文分析 ·· （73）

甘肃省农业科学院 ··· （77）
　　1　英文期刊论文分析 ··· （77）
　　2　中文期刊论文分析 ··· （81）

广东省农业科学院 ··· （85）
　　1　英文期刊论文分析 ··· （85）
　　2　中文期刊论文分析 ··· （89）

广西农业科学院 ·· （93）
　　1　英文期刊论文分析 ··· （93）
　　2　中文期刊论文分析 ··· （97）

贵州省农业科学院 ··· （101）
　　1　英文期刊论文分析 ··· （101）
　　2　中文期刊论文分析 ··· （105）

海南省农业科学院 ··· （109）
　　1　英文期刊论文分析 ··· （109）
　　2　中文期刊论文分析 ··· （113）

河北省农林科学院 ··· （117）
　　1　英文期刊论文分析 ··· （117）
　　2　中文期刊论文分析 ··· （121）

河南省农业科学院 ··· （125）
　　1　英文期刊论文分析 ··· （125）
　　2　中文期刊论文分析 ··· （129）

黑龙江省农业科学院 ·· （133）
　　1　英文期刊论文分析 ··· （133）
　　2　中文期刊论文分析 ··· （137）

湖北省农业科学院 ··· （141）
　　1　英文期刊论文分析 ··· （141）
　　2　中文期刊论文分析 ··· （145）

湖南省农业科学院 ··· （149）
　　1　英文期刊论文分析 ··· （149）

2　中文期刊论文分析 ……………………………………………………（153）

吉林省农业科学院 ……………………………………………………（157）
　　1　英文期刊论文分析 …………………………………………………（157）
　　2　中文期刊论文分析 …………………………………………………（161）

江苏省农业科学院 ……………………………………………………（165）
　　1　英文期刊论文分析 …………………………………………………（165）
　　2　中文期刊论文分析 …………………………………………………（169）

江西省农业科学院 ……………………………………………………（173）
　　1　英文期刊论文分析 …………………………………………………（173）
　　2　中文期刊论文分析 …………………………………………………（177）

辽宁省农业科学院 ……………………………………………………（181）
　　1　英文期刊论文分析 …………………………………………………（181）
　　2　中文期刊论文分析 …………………………………………………（185）

内蒙古自治区农牧业科学院 …………………………………………（189）
　　1　英文期刊论文分析 …………………………………………………（189）
　　2　中文期刊论文分析 …………………………………………………（193）

宁夏农林科学院 ………………………………………………………（197）
　　1　英文期刊论文分析 …………………………………………………（197）
　　2　中文期刊论文分析 …………………………………………………（201）

山东省农业科学院 ……………………………………………………（205）
　　1　英文期刊论文分析 …………………………………………………（205）
　　2　中文期刊论文分析 …………………………………………………（209）

上海市农业科学院 ……………………………………………………（213）
　　1　英文期刊论文分析 …………………………………………………（213）
　　2　中文期刊论文分析 …………………………………………………（217）

四川省农业科学院 ……………………………………………………（221）
　　1　英文期刊论文分析 …………………………………………………（221）
　　2　中文期刊论文分析 …………………………………………………（225）

天津市农业科学院 ·· （229）
　　1　英文期刊论文分析 ··· （229）
　　2　中文期刊论文分析 ··· （233）

西藏自治区农牧科学院 ·· （237）
　　1　英文期刊论文分析 ··· （237）
　　2　中文期刊论文分析 ··· （241）

新疆农垦科学院 ·· （245）
　　1　英文期刊论文分析 ··· （245）
　　2　中文期刊论文分析 ··· （249）

新疆农业科学院 ·· （253）
　　1　英文期刊论文分析 ··· （253）
　　2　中文期刊论文分析 ··· （257）

新疆畜牧科学院 ·· （261）
　　1　英文期刊论文分析 ··· （261）
　　2　中文期刊论文分析 ··· （265）

云南省农业科学院 ·· （269）
　　1　英文期刊论文分析 ··· （269）
　　2　中文期刊论文分析 ··· （273）

浙江省农业科学院 ·· （277）
　　1　英文期刊论文分析 ··· （277）
　　2　中文期刊论文分析 ··· （281）

全国农科院系统期刊论文及获奖科技成果产出总体情况统计表

1 英文期刊论文发文量统计

统计对象 2011—2020 年在 WOS 数据库 SCIE 期刊上发表的论文数量情况见表 1-1，农业农村部所属"三院"在前，省（自治区、直辖市）农（垦、牧）业科学院按名称拼音字母排序。

表 1-1 2011—2020 年全国农科院系统历年 SCI 发文量统计 单位：篇

序号	发文单位	2011年	2012年	2013年	2014年	2015年	2016年	2017年	2018年	2019年	2020年	发文总量
1	中国农业科学院	1 286	1 594	1 675	2 092	2 473	2 928	3 007	3 358	3 786	4 204	26 403
2	中国水产科学研究院	284	306	430	457	574	750	674	726	853	850	5 904
3	中国热带农业科学院	189	223	263	284	299	302	317	302	363	344	2 886
4	安徽省农业科学院	22	34	45	51	79	87	90	113	139	157	817
5	北京市农林科学院	178	212	238	250	278	364	321	330	404	443	3 018
6	重庆市农业科学院	4	3	10	19	25	24	36	39	31	34	225
7	福建省农业科学院	40	42	33	46	53	92	99	101	124	139	769
8	甘肃省农业科学院	12	17	14	21	20	29	18	28	46	67	272
9	广东省农业科学院	107	135	171	199	224	245	267	292	418	500	2 558
10	广西农业科学院	22	31	30	29	62	44	70	65	117	135	605
11	贵州省农业科学院	7	7	16	18	29	55	52	72	91	84	431
12	海南省农业科学院	8	13	5	6	15	27	26	20	23	18	161

（续表）

序号	发文单位	2011 年	2012 年	2013 年	2014 年	2015 年	2016 年	2017 年	2018 年	2019 年	2020 年	发文总量
13	河北省农林科学院	25	40	47	50	61	54	67	79	92	100	615
14	河南省农业科学院	38	48	46	59	83	113	124	113	134	159	917
15	黑龙江省农业科学院	27	45	35	51	70	87	127	124	146	154	866
16	湖北省农业科学院	57	58	54	62	68	85	83	103	149	159	878
17	湖南省农业科学院	14	27	22	30	44	60	64	84	112	129	586
18	吉林省农业科学院	34	31	33	44	61	45	67	77	110	117	619
19	江苏省农业科学院	74	136	164	229	342	403	424	456	479	499	3 206
20	江西省农业科学院	9	22	31	37	39	44	51	53	54	60	400
21	辽宁省农业科学院	9	12	18	30	28	28	32	24	36	51	268
22	内蒙古自治区农牧业科学院	2	4	9	16	15	25	17	24	27	35	174
23	宁夏农林科学院	1	3	3	9	8	14	18	14	32	52	154
24	山东省农业科学院	115	129	144	147	155	202	175	226	265	262	1 820
25	上海市农业科学院	66	72	70	78	102	132	112	172	215	236	1 255
26	四川省农业科学院	26	29	36	40	70	91	84	92	112	136	716
27	天津市农业科学院	7	7	15	8	13	21	22	17	30	39	179
28	西藏自治区农牧科学院		1	3	7	18	9	19	36	46	53	192
29	新疆农垦科学院	5	10	15	13	16	14	25	21	42	57	218
30	新疆农业科学院	30	15	20	39	51	52	49	43	99	85	483
31	新疆畜牧科学院	10	6	6	8	13	17	21	21	22	24	148

（续表）

序号	发文单位	2011 年	2012 年	2013 年	2014 年	2015 年	2016 年	2017 年	2018 年	2019 年	2020 年	发文总量
32	云南省农业科学院	42	59	76	75	113	127	128	134	161	171	1 086
33	浙江省农业科学院	143	215	197	200	235	227	267	253	303	348	2 388
	年度发文总量	2 893	3 586	3 974	4 704	5 736	6 797	6 953	7 612	9 061	9 901	61 217
	年均发文量	87.7	108.7	120.4	142.5	173.8	206.0	210.7	230.7	274.6	300.0	1 855.1

2　中文期刊论文发文量统计

2.1　北大中文核心期刊发文量

　　统计对象 2011—2020 年发表的北大中文核心期刊论文数量情况见表 2-1，农业农村部所属"三院"在前，省（自治区、直辖市）农（垦、牧）业科学院按名称拼音字母排序。

表 2-1　2011—2020 年全国农科院系统北大中文核心期刊历年发文量统计　　单位：篇

序号	发文单位	2011 年	2012 年	2013 年	2014 年	2015 年	2016 年	2017 年	2018 年	2019 年	2020 年	发文总量
1	中国农业科学院	4 265	3 832	3 817	3 861	3 980	4 027	4 039	3 770	3 800	3 157	38 548
2	中国水产科学研究院	1 042	1 006	1 020	949	1 001	1 099	1 098	1 057	1 096	813	10 181
3	中国热带农业科学院	413	453	491	622	726	627	579	579	527	507	5 524
4	安徽省农业科学院	181	211	199	177	183	144	131	120	115	121	1 582
5	北京市农林科学院	641	639	558	516	525	464	486	443	422	403	5 097
6	重庆市农业科学院	69	82	78	63	72	47	53	76	94	76	710
7	福建省农业科学院	202	217	194	193	189	283	343	325	313	235	2 494
8	甘肃省农业科学院	190	191	184	132	174	178	138	167	210	173	1 737
9	广东省农业科学院	538	489	392	435	400	361	288	286	330	394	3 913

（续表）

序号	发文单位	2011年	2012年	2013年	2014年	2015年	2016年	2017年	2018年	2019年	2020年	发文总量
10	广西农业科学院	225	206	212	320	286	294	298	253	314	317	2 725
11	贵州省农业科学院	343	365	317	316	285	279	266	236	294	338	3 039
12	海南省农业科学院	51	74	71	93	86	88	83	86	67	65	764
13	河北省农林科学院	203	199	188	185	164	166	199	181	209	185	1 879
14	河南省农业科学院	279	262	228	212	237	258	296	304	255	325	2 656
15	黑龙江省农业科学院	287	277	246	271	254	222	213	204	204	219	2 397
16	湖北省农业科学院	309	249	235	288	299	199	153	192	276	317	2 517
17	湖南省农业科学院	145	146	144	113	133	165	167	172	189	203	1 577
18	吉林省农业科学院	215	184	168	181	219	189	152	197	250	264	2 019
19	江苏省农业科学院	771	945	911	898	858	853	753	600	553	554	7 696
20	江西省农业科学院	77	96	103	109	122	91	101	91	136	140	1 066
21	辽宁省农业科学院	287	192	201	203	182	187	170	130	123	177	1 852
22	内蒙古自治区农牧业科学院	85	105	99	110	110	76	85	69	131	119	989
23	宁夏农林科学院	183	187	172	169	155	178	151	148	156	153	1 652
24	山东省农业科学院	359	342	342	347	338	372	380	396	416	369	3 661
25	上海市农业科学院	214	189	241	230	246	221	182	189	237	260	2 209
26	四川省农业科学院	257	252	235	246	228	230	225	212	213	226	2 324
27	天津市农业科学院	108	153	122	134	136	120	92	132	168	132	1 297
28	西藏自治区农牧科学院	12	34	23	38	44	51	55	84	119	72	532

（续表）

序号	发文单位	2011年	2012年	2013年	2014年	2015年	2016年	2017年	2018年	2019年	2020年	发文总量
29	新疆农垦科学院	139	183	165	129	140	117	121	99	100	101	1 294
30	新疆农业科学院	274	230	253	247	299	269	283	278	246	277	2 656
31	新疆畜牧科学院	51	58	50	67	82	86	59	64	43	49	609
32	云南省农业科学院	356	322	317	333	353	304	294	281	316	287	3 163
33	浙江省农业科学院	396	389	347	295	272	261	265	253	300	285	3 063
	年度发文总量	13 167	12 759	12 323	12 482	12 778	12 506	12 198	11 674	12 222	11 313	123 422
	年均发文量	399.0	386.6	373.4	378.2	387.2	379.0	369.6	353.8	370.4	342.8	3 740.1

2.2 CSCD 期刊发文量

统计对象 2011—2020 年发表的中国科学引文数据库（CSCD）期刊论文数量情况见表 2-2，农业农村部所属"三院"在前，省（自治区、直辖市）农（垦、牧）业科学院按名称拼音字母排序。

表 2-2 2011—2020 年全国农科院系统 CSCD 期刊历年发文量统计 单位：篇

序号	发文单位	2011年	2012年	2013年	2014年	2015年	2016年	2017年	2018年	2019年	2020年	发文总量
1	中国农业科学院	2 877	2 605	2 554	2 548	2 463	2 383	2 459	2 443	2 185	2 210	24 727
2	中国水产科学研究院	795	803	839	790	793	803	737	1 022	735	679	7 996
3	中国热带农业科学院	546	529	583	581	483	442	426	444	390	382	4 806
4	安徽省农业科学院	93	102	102	139	115	98	87	84	83	101	1 004
5	北京市农林科学院	380	347	331	333	290	285	293	284	227	256	3 026
6	重庆市农业科学院	43	67	62	50	47	37	36	51	67	63	523
7	福建省农业科学院	185	193	180	155	130	140	159	165	280	206	1 793

（续表）

序号	发文单位	2011年	2012年	2013年	2014年	2015年	2016年	2017年	2018年	2019年	2020年	发文总量
8	甘肃省农业科学院	129	132	125	114	147	151	109	145	159	139	1 350
9	广东省农业科学院	456	411	339	336	198	192	183	169	171	218	2 673
10	广西农业科学院	233	238	216	225	172	173	195	177	142	148	1 919
11	贵州省农业科学院	116	106	120	129	90	131	142	144	123	138	1 239
12	海南省农业科学院	30	41	36	48	32	39	39	51	29	36	381
13	河北省农林科学院	126	119	131	133	106	105	116	129	121	115	1 201
14	河南省农业科学院	217	215	195	168	196	201	234	248	134	183	1 991
15	黑龙江省农业科学院	176	167	154	172	141	149	128	133	96	118	1 434
16	湖北省农业科学院	82	70	53	78	66	81	80	86	86	111	793
17	湖南省农业科学院	117	119	99	94	92	111	118	127	127	169	1 173
18	吉林省农业科学院	171	162	153	160	103	95	91	125	114	139	1 313
19	江苏省农业科学院	663	813	549	547	509	478	412	373	323	280	4 947
20	江西省农业科学院	62	65	70	77	79	50	65	66	78	105	717
21	辽宁省农业科学院	168	119	108	119	94	91	70	69	69	91	998
22	内蒙古自治区农牧业科学院	48	59	51	66	55	30	41	50	38	38	476
23	宁夏农林科学院	82	90	83	92	70	68	80	75	79	84	803
24	山东省农业科学院	240	234	240	244	204	217	215	246	229	239	2 308
25	上海市农业科学院	168	145	206	213	209	212	245	234	124	141	1 897

（续表）

序号	发文单位	2011 年	2012 年	2013 年	2014 年	2015 年	2016 年	2017 年	2018 年	2019 年	2020 年	发文总量
26	四川省农业科学院	181	183	190	195	167	161	165	156	152	153	1 703
27	天津市农业科学院	34	59	46	52	33	29	31	38	49	55	426
28	西藏自治区农牧科学院	9	21	14	24	30	27	39	53	61	44	322
29	新疆农垦科学院	71	98	94	78	87	64	88	68	51	60	759
30	新疆农业科学院	209	179	186	197	223	193	229	239	198	230	2 083
31	新疆畜牧科学院	26	37	34	41	23	32	22	35	19	16	285
32	云南省农业科学院	290	279	226	268	260	241	232	208	224	227	2 455
33	浙江省农业科学院	277	269	262	223	204	206	197	202	191	190	2 221
	年度发文总量	9 300	9 076	8 631	8 689	7 911	7 715	7 763	8 139	7 154	7 364	81 742
	年均发文量	281.8	275.0	261.5	263.3	239.7	233.8	235.2	246.6	216.8	223.2	2 477.0

3 获奖科技成果统计

3.1 国家级获奖科技成果数量

统计对象 2011—2020 年取得的国家级获奖科技成果数量情况见表 3-1，包括国家自然科学奖、国家技术发明奖、国家科学技术进步奖三类。统计条件是获奖科技成果完成单位中包含统计对象及其所属机构。农业农村部所属"三院"在前，省（自治区、直辖市）农（垦、牧）业科学院按名称拼音字母排序。

表 3-1　2011—2020 年全国农科院系统国家级获奖科技成果历年数量统计　　单位：项

序号	获奖单位	2011 年	2012 年	2013 年	2014 年	2015 年	2016 年	2017 年	2018 年	2019 年	2020 年	成果总量
1	中国农业科学院	8	13	12	9	13	9	11	11	10	13	109
2	中国水产科学研究院			1	1	1			1	1	1	6

（续表）

序号	获奖单位	2011 年	2012 年	2013 年	2014 年	2015 年	2016 年	2017 年	2018 年	2019 年	2020 年	成果总量
3	中国热带农业科学院		1		1					2		4
4	安徽省农业科学院			1					3		2	6
5	北京市农林科学院	4	1	1	1	1		2		1	4	15
6	重庆市农业科学院										1	1
7	福建省农业科学院	1	1	3					1	1		7
8	甘肃省农业科学院		2			1					1	4
9	广东省农业科学院	1		1	2	1	3	1			1	10
10	广西农业科学院											
11	贵州省农业科学院			1								1
12	海南省农业科学院							1				1
13	河北省农林科学院	2	1		1	2			2	1	1	10
14	河南省农业科学院	3	1		2	1	1		1		2	11
15	黑龙江省农业科学院		1			2	1	2	1	2	2	11
16	湖北省农业科学院				1	1	1	1	1	2	3	10
17	湖南省农业科学院		1			2	1	2	2	1	1	10
18	吉林省农业科学院		1			2	1	1		1	1	7
19	江苏省农业科学院		1		1	2	2		2	1	1	10
20	江西省农业科学院			1		1	1	1	1			5
21	辽宁省农业科学院	1		2			1		1	2	1	8
22	内蒙古自治区农牧业科学院			2								2

（续表）

序号	获奖单位	2011年	2012年	2013年	2014年	2015年	2016年	2017年	2018年	2019年	2020年	成果总量
23	宁夏农林科学院					2		1				3
24	山东省农业科学院	1	1	2	1	2	1		1	5	1	15
25	上海市农业科学院	1	1	2			1				1	6
26	四川省农业科学院	1	3	1		1	1	1			1	9
27	天津市农业科学院		1							1		2
28	西藏自治区农牧科学院											
29	新疆农垦科学院					1						1
30	新疆农业科学院	1			1	2		1			2	7
31	新疆畜牧科学院											
32	云南省农业科学院	1	1			1		3	1		1	8
33	浙江省农业科学院	1	1	1	2	2		2	1	1	1	12
	年度获奖成果总量	26	32	31	23	41	24	30	30	32	42	311
	年均获奖成果数量	0.79	0.97	0.94	0.70	1.24	0.73	0.91	0.91	0.97	1.27	9.42

3.2 神农中华农业科技奖成果数量

统计对象的神农中华农业科技奖成果数量情况见表3-2。统计条件是获奖科技成果完成单位中包含统计对象及其所属机构。农业农村部所属"三院"在前，省（自治区、直辖市）农（垦、牧）业科学院按名称拼音字母排序。

表3-2　全国农科院系统神农中华农业科技奖获奖成果历年数量统计　　单位：项

序号	获奖单位	2012—2013年	2014—2015年	2016—2017年	2018—2019年	2020—2021年	成果总量
1	中国农业科学院	30	43	44	49	41	207
2	中国水产科学研究院	7	5	8	7	10	37

（续表）

序号	获奖单位	2012—2013年	2014—2015年	2016—2017年	2018—2019年	2020—2021年	成果总量
3	中国热带农业科学院	8	12	4	4	2	30
4	安徽省农业科学院	4	6	10	5	6	31
5	北京市农林科学院	4	9	8	8	16	45
6	重庆市农业科学院	1	2	1	3	4	11
7	福建省农业科学院	5	2	3	2	1	13
8	甘肃省农业科学院	3	3	2	3	5	16
9	广东省农业科学院	8	7	8	6	8	37
10	广西农业科学院		1			2	3
11	贵州省农业科学院		2	1	1	3	7
12	海南省农业科学院		2	1	1		4
13	河北省农林科学院	8	4	4	4	7	27
14	河南省农业科学院	3	1	4	7	4	19
15	黑龙江省农业科学院	4	2	4	9	6	25
16	湖北省农业科学院	4	4	2	2	6	18
17	湖南省农业科学院	3	3	3	3	3	15
18	吉林省农业科学院	6	2	5	3	3	19
19	江苏省农业科学院	6	10	12	15	19	62
20	江西省农业科学院	2	3	2	4	3	14
21	辽宁省农业科学院	1	2	3	4	4	14
22	内蒙古自治区农牧业科学院		3	1		4	8
23	宁夏农林科学院		1	1	2		4
24	山东省农业科学院	5	4	8	14	15	46
25	上海市农业科学院		2	2	5	4	13
26	四川省农业科学院	3	4	5	10	7	29
27	天津市农业科学院	1	2	2	2	2	9
28	西藏自治区农牧科学院					1	1
29	新疆农垦科学院	1	1	1	2		5
30	新疆农业科学院	1	3	4	5	5	18

（续表）

序号	获奖单位	2012—2013 年	2014—2015 年	2016—2017 年	2018—2019 年	2020—2021 年	成果总量
31	新疆畜牧科学院		1	2	1	2	6
32	云南省农业科学院	3	8		5	6	22
33	浙江省农业科学院	3	7	5	9	8	32
	年度获奖成果总量	124	161	160	195	207	847
	年均获奖成果数量	3.76	4.88	4.85	5.91	6.27	25.67

4 国内专利统计

统计对象 2011—2020 年全国农科院系统国内专利（全部）历年数量统计见表 4-1，包括发明专利（表 4-2）、实用新型专利（表 4-3）和外观设计专利（表 4-4）三类。农业农村部所属"三院"在前，省（自治区、直辖市）级农（垦、牧）业科学院按名称拼音字母排序。

表 4-1　2011—2020 年全国农科院系统国内专利（全部）历年数量统计　　　单位：项

序号	授予单位	2011 年	2012 年	2013 年	2014 年	2015 年	2016 年	2017 年	2018 年	2019 年	2020 年	专利总量
1	中国农业科学院	530	828	1 110	1 344	2 051	2 251	2 631	3 439	3 683	3 247	21 114
2	中国水产科学研究院	384	566	716	640	648	627	729	964	981	1 218	7 473
3	中国热带农业科学院	116	225	345	303	354	302	351	478	510	628	3 612
4	安徽省农业科学院	22	26	51	91	200	204	211	360	448	581	2 194
5	北京市农林科学院	144	218	292	335	392	385	410	372	541	693	3 782
6	重庆市农业科学院	17	19	26	19	45	52	111	117	137	150	693
7	福建省农业科学院	63	159	148	176	278	295	307	502	527	448	2 903
8	甘肃省农业科学院	15	27	21	16	49	71	68	99	104	148	618
9	广东省农业科学院	84	86	103	98	128	155	201	274	405	539	2 073
10	广西农业科学院	5	9	6	34	89	96	212	174	237	301	1 163

（续表）

序号	授予单位	2011年	2012年	2013年	2014年	2015年	2016年	2017年	2018年	2019年	2020年	专利总量
11	贵州省农业科学院	24	27	51	68	102	107	139	174	179	242	1 113
12	海南省农业科学院	2	4	6	6	6	13	28	38	34	60	197
13	河北省农林科学院	30	47	53	61	78	94	156	216	308	346	1 389
14	河南省农业科学院	29	50	45	51	102	127	176	180	206	281	1 247
15	黑龙江省农业科学院	14	31	45	66	101	126	311	236	301	403	1 634
16	湖北省农业科学院	29	49	58	84	92	130	161	174	235	262	1 274
17	湖南省农业科学院	17	25	27	47	94	105	119	167	254	300	1 155
18	吉林省农业科学院	22	34	29	35	42	103	129	160	145	166	865
19	江苏省农业科学院	158	316	386	326	466	449	613	675	778	796	4 963
20	江西省农业科学院	11	15	13	29	36	65	69	132	155	159	684
21	辽宁省农业科学院	14	27	28	34	52	43	57	65	91	145	556
22	内蒙古自治区农牧业科学院	5	4	13	15	25	38	45	79	93	189	506
23	宁夏农林科学院	19	19	32	25	17	54	96	137	260	352	1 011
24	山东省农业科学院	201	335	395	426	648	693	682	884	1 122	1 048	6 434
25	上海市农业科学院	87	82	108	95	104	105	142	146	251	273	1 393
26	四川省农业科学院	30	37	64	63	102	139	154	202	235	286	1 312
27	天津市农业科学院	110	68	46	50	73	66	87	99	154	112	865
28	西藏自治区农牧科学院		7		11	6	29	37	83	119	207	499
29	新疆农垦科学院	23	48	69	94	100	148	114	139	74	111	920

（续表）

序号	授予单位	2011年	2012年	2013年	2014年	2015年	2016年	2017年	2018年	2019年	2020年	专利总量
30	新疆农业科学院	59	58	76	88	122	122	134	131	140	183	1 113
31	新疆畜牧科学院	20	16	24	25	35	38	56	70	51	69	404
32	云南省农业科学院	73	73	106	96	126	152	142	258	299	290	1 615
33	浙江省农业科学院	70	114	125	93	137	150	171	234	326	430	1 850
	年度专利（全部）总量	2 427	3 649	4 617	4 944	6 900	7 534	9 049	11 458	13 383	14 663	78 624
	年均专利（全部）数量	73.55	110.58	139.91	149.82	209.09	228.30	274.21	347.21	405.55	444.33	2 382.55

表4-2　2011—2020年全国农科院系统国内专利（发明）历年数量统计　　　单位：项

序号	授予单位	2011年	2012年	2013年	2014年	2015年	2016年	2017年	2018年	2019年	2020年	专利总量
1	中国农业科学院	381	656	782	819	1 174	1 201	1 116	957	985	1 174	9 245
2	中国水产科学研究院	255	373	390	340	372	336	302	230	230	228	3 056
3	中国热带农业科学院	78	129	152	135	144	156	156	148	119	128	1 345
4	安徽省农业科学院	16	26	45	67	136	119	126	78	58	66	737
5	北京市农林科学院	96	142	159	196	218	226	209	117	175	220	1 758
6	重庆市农业科学院	7	11	15	13	25	29	47	26	5	22	200
7	福建省农业科学院	43	125	97	92	163	144	157	113	112	130	1 176
8	甘肃省农业科学院	14	24	21	9	39	37	20	19	5	10	198
9	广东省农业科学院	47	76	86	82	113	123	125	97	118	120	987
10	广西农业科学院	3	8	5	14	46	38	168	75	74	113	544

（续表）

序号	授予单位	2011年	2012年	2013年	2014年	2015年	2016年	2017年	2018年	2019年	2020年	专利总量
11	贵州省农业科学院	20	21	37	46	80	77	84	37	13	31	446
12	海南省农业科学院	2	3	2	3	2	9	12	5	3	3	44
13	河北省农林科学院	24	38	34	39	41	46	35	41	65	73	436
14	河南省农业科学院	19	41	31	29	67	74	85	55	40	61	502
15	黑龙江省农业科学院	6	10	14	16	25	31	65	19	24	19	229
16	湖北省农业科学院	23	35	46	69	71	89	80	56	63	73	605
17	湖南省农业科学院	15	23	23	35	69	85	84	69	52	76	531
18	吉林省农业科学院	14	27	18	26	20	42	36	29	20	38	270
19	江苏省农业科学院	123	256	304	250	348	324	357	216	172	166	2 516
20	江西省农业科学院	11	14	10	15	21	37	37	31	22	38	236
21	辽宁省农业科学院	11	14	18	19	32	14	24	13	10	9	164
22	内蒙古自治区农牧业科学院	5	3	9	8	15	18	12	11	6	14	101
23	宁夏农林科学院	11	14	13	15	10	19	12	13	8	14	129
24	山东省农业科学院	116	233	258	206	380	399	321	281	177	195	2 566
25	上海市农业科学院	75	79	97	90	94	85	83	63	46	61	773
26	四川省农业科学院	19	24	40	46	61	88	80	54	58	56	526
27	天津市农业科学院	82	57	31	36	50	44	53	24	14	15	406
28	西藏自治区农牧科学院		5		7	4	13	17	9	6	14	75
29	新疆农垦科学院	12	20	22	31	43	51	42	30	10	11	272

序号	授予单位	2011年	2012年	2013年	2014年	2015年	2016年	2017年	2018年	2019年	2020年	专利总量
30	新疆农业科学院	32	36	42	37	49	49	49	26	22	26	368
31	新疆畜牧科学院	7	12	16	13	15	9	8	9	7	5	101
32	云南省农业科学院	62	69	82	64	96	91	86	58	54	56	718
33	浙江省农业科学院	68	100	111	82	118	107	99	78	79	114	956
	年度专利（发明）总量	1 697	2 704	3 010	2 949	4 141	4 210	4 187	3 087	2 852	3 379	32 216
	年均专利（发明）数量	51.42	81.94	91.21	89.36	125.48	127.58	126.88	93.55	86.42	102.39	976.24

表4-3　2011—2020年全国农科院系统国内专利（实用新型）历年数量统计　　单位：项

序号	授予单位	2011年	2012年	2013年	2014年	2015年	2016年	2017年	2018年	2019年	2020年	专利总量
1	中国农业科学院	145	170	322	513	842	891	929	1 255	912	503	6 482
2	中国水产科学研究院	128	183	319	298	275	268	266	407	241	350	2 735
3	中国热带农业科学院	37	90	184	158	197	132	110	193	161	223	1 485
4	安徽省农业科学院	6		6	24	60	54	29	132	164	332	807
5	北京市农林科学院	45	69	129	129	164	142	135	104	108	116	1 141
6	重庆市农业科学院	9	7	11	5	15	20	37	47	59	66	276
7	福建省农业科学院	18	31	50	83	114	119	73	122	122	104	836
8	甘肃省农业科学院	1	3		7	10	31	35	39	30	71	227
9	广东省农业科学院	20	8	17	13	13	15	23	40	31	103	283
10	广西农业科学院	2	1	1	20	40	52	10	42	71	93	332

（续表）

序号	授予单位	2011 年	2012 年	2013 年	2014 年	2015 年	2016 年	2017 年	2018 年	2019 年	2020 年	专利总量
11	贵州省农业科学院	2	2	10	17	18	17	18	44	21	43	192
12	海南省农业科学院		1	4	3	4	4	11	24	16	31	98
13	河北省农林科学院	6	9	19	21	35	39	79	95	115	126	544
14	河南省农业科学院	10	9	14	21	34	45	50	52	47	83	365
15	黑龙江省农业科学院	8	20	30	50	76	79	219	168	187	232	1 069
16	湖北省农业科学院	6	7	11	14	16	19	25	19	25	22	164
17	湖南省农业科学院	2	2	4	12	20	11	15	25	27	58	176
18	吉林省农业科学院	7	6	11	9	20	50	65	54	38	27	287
19	江苏省农业科学院	32	53	78	63	108	86	108	166	170	178	1 042
20	江西省农业科学院			3	8	12	24	13	36	38	29	163
21	辽宁省农业科学院	3	13	10	15	20	23	21	28	32	80	245
22	内蒙古自治区农牧业科学院			4	7	9	17	20	57	45	101	260
23	宁夏农林科学院	4	5	19	6	7	26	39	70	127	189	492
24	山东省农业科学院	82	98	133	217	260	266	191	262	315	301	2 125
25	上海市农业科学院	11	3	11	5	5	12	9	10	19	33	118
26	四川省农业科学院	9	13	24	16	36	46	23	56	72	87	382
27	天津市农业科学院	25	11	14	14	22	15	17	25	40	46	229
28	西藏自治区农牧科学院		2		4	1	15	13	42	71	119	267
29	新疆农垦科学院	11	28	47	61	56	86	49	61	40	44	483

（续表）

序号	授予单位	2011年	2012年	2013年	2014年	2015年	2016年	2017年	2018年	2019年	2020年	专利总量
30	新疆农业科学院	27	22	34	51	71	67	54	66	51	84	527
31	新疆畜牧科学院	13	4	8	11	19	29	35	41	32	41	233
32	云南省农业科学院	10	4	23	32	29	49	30	100	88	99	464
33	浙江省农业科学院	2	13	14	11	17	23	18	44	46	55	243
	年度专利（实用新型）总量	681	887	1 564	1 918	2 625	2 772	2 769	3 926	3 561	4 069	24 772
	年均专利（实用新型）数量	20.64	26.88	47.39	58.12	79.55	84.00	83.91	118.97	107.91	123.30	750.67

表4-4　2011—2020年全国农科院系统国内专利（外观设计）历年数量统计　单位：项

序号	授予单位	2011年	2012年	2013年	2014年	2015年	2016年	2017年	2018年	2019年	2020年	专利总量
1	中国农业科学院	3		4	10	10	27	13	30	9	22	128
2	中国水产科学研究院	1	10	7				2	1			21
3	中国热带农业科学院	1	6	9	10	9	2	12	17	6	14	86
4	安徽省农业科学院					2	3					5
5	北京市农林科学院	3	7	4	9	2	6	4	4	3	13	55
6	重庆市农业科学院	1	1		1	5			1	1	1	11
7	福建省农业科学院	2	3	1	1			2	3	3	8	23
8	甘肃省农业科学院								1		6	7
9	广东省农业科学院	17	2		2	2	2	2	1	7	8	43
10	广西农业科学院					1						1

（续表）

序号	授予单位	2011 年	2012 年	2013 年	2014 年	2015 年	2016 年	2017 年	2018 年	2019 年	2020 年	专利总量
11	贵州省农业科学院	2	4	4	5	1	3	7	7	3	6	42
12	海南省农业科学院											
13	河北省农林科学院							1	5	2	7	15
14	河南省农业科学院				1							1
15	黑龙江省农业科学院		1	1			1				26	29
16	湖北省农业科学院		7		1	1	6	2	5		2	24
17	湖南省农业科学院								1			1
18	吉林省农业科学院	1	1						1	1	4	8
19	江苏省农业科学院	3	7	2	13	3	8	2	12		14	64
20	江西省农业科学院		1		6	1						8
21	辽宁省农业科学院						2	2	1			5
22	内蒙古自治区农牧业科学院		1								2	3
23	宁夏农林科学院	4			4		2	6	2	7	12	37
24	山东省农业科学院	3	3	4	3	2		4	4	2	3	28
25	上海市农业科学院	1				1			1	5	11	19
26	四川省农业科学院	2			1	5		1		2		11
27	天津市农业科学院	3		1				1			4	9
28	西藏自治区农牧科学院								2		3	5
29	新疆农垦科学院				2	1	5				4	12

（续表）

序号	授予单位	2011 年	2012 年	2013 年	2014 年	2015 年	2016 年	2017 年	2018 年	2019 年	2020 年	专利总量
30	新疆农业科学院								1	2		3
31	新疆畜牧科学院											
32	云南省农业科学院	1		1			5	3	6	3	5	24
33	浙江省农业科学院		1						3		4	8
	年度专利（外观设计）总量	48	55	38	69	46	72	64	109	56	179	736
	年均专利（外观设计）数量	1.45	1.67	1.15	2.09	1.39	2.18	1.94	3.30	1.70	5.42	22.30

中国农业科学院

1 英文期刊论文分析

分析数据来源于科学引文索引数据库（Web of Science，WOS）收录文献类型为期刊论文（ARTICLE）、会议论文（PROCEEDINGS PAPER）和述评（REVIEW）的 Science Citation Index Expanded（SCIE）论文数据，数据时间范围为 2011—2020 年，共检索到中国农业科学院作者发表的论文 26 403 篇。

1.1 发文量

2011—2020 年中国农业科学院历年 SCI 发文与被引情况见表 1-1，中国农业科学院英文文献历年发文趋势（2011—2020 年）见图 1-1。

表 1-1 2011—2020 年中国农业科学院历年 SCI 发文与被引情况

出版年	发文量（篇）	WOS 所有数据库总被引频次	WOS 核心库被引频次
2011 年	1 286	25 541	21 339
2012 年	1 594	28 352	24 011
2013 年	1 675	24 268	20 742
2014 年	2 092	24 111	20 522
2015 年	2 473	17 340	15 055
2016 年	2 928	10 476	9 353
2017 年	3 007	12 561	11 329
2018 年	3 358	4 087	3 890
2019 年	3 786	1 000	986
2020 年	4 204	2 269	2 233

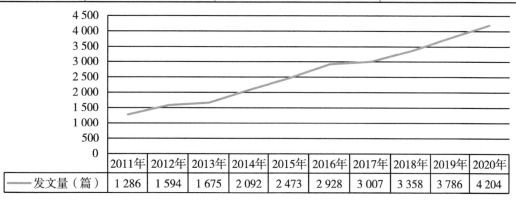

图 1-1 中国农业科学院英文文献历年发文趋势（2011—2020 年）

1.2　发文期刊 JCR 分区

2011—2020 年中国农业科学院 SCI 发文期刊 WOSJCR 分区情况见表 1-2，中国农业科学院 SCI 发文期刊 WOSJCR 分区趋势（2011—2020 年）见图 1-2。

表 1-2　2011—2020 年中国农业科学院 SCI 发文期刊 WOSJCR 分区情况

排序	出版年	Q1 区发文量（篇）	Q2 区发文量（篇）	Q3 区发文量（篇）	Q4 区发文量（篇）	其他发文量（篇）
1	2011 年	335	356	328	132	135
2	2012 年	563	349	290	251	141
3	2013 年	680	384	364	174	73
4	2014 年	831	564	378	216	103
5	2015 年	1 030	639	465	240	99
6	2016 年	1 351	790	414	225	148
7	2017 年	1 557	736	446	201	67
8	2018 年	1 540	1 074	479	242	23
9	2019 年	1 903	1 172	442	228	41
10	2020 年	2 465	1 128	431	163	17

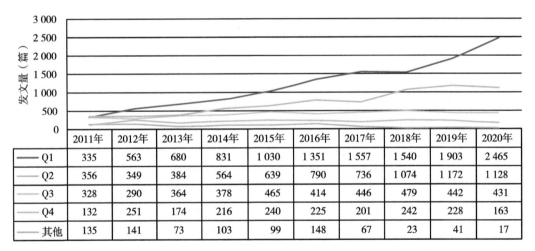

	2011年	2012年	2013年	2014年	2015年	2016年	2017年	2018年	2019年	2020年
Q1	335	563	680	831	1 030	1 351	1 557	1 540	1 903	2 465
Q2	356	349	384	564	639	790	736	1 074	1 172	1 128
Q3	328	290	364	378	465	414	446	479	442	431
Q4	132	251	174	216	240	225	201	242	228	163
其他	135	141	73	103	99	148	67	23	41	17

图 1-2　中国农业科学院 SCI 发文期刊 WOSJCR 分区趋势（2011—2020 年）

1.3　高发文研究所 TOP10

2011—2020 年中国农业科学院 SCI 高发文研究所 TOP10 见表 1-3。

表 1-3　2011—2020 年中国农业科学院 SCI 高发文研究所 TOP10　　　　单位：篇

排序	研究所	发文量
1	中国农业科学院植物保护研究所	2 741

（续表）

排序	研究所	发文量
2	中国农业科学院北京畜牧兽医研究所	1 996
3	中国农业科学院作物科学研究所	1 986
4	中国农业科学院生物技术研究所	1 785
5	中国农业科学院农业资源与农业区划研究所	1 675
6	中国农业科学院兰州兽医研究所	1 470
7	中国农业科学院哈尔滨兽医研究所	1 142
8	中国水稻研究所	945
9	中国农业科学院农业环境与可持续发展研究所	901
10	中国农业科学院蔬菜花卉研究所	852

1.4 高发文期刊 TOP10

2011—2020 年中国农业科学院 SCI 高发文期刊 TOP10 见表 1-4。

表 1-4 2011—2020 年中国农业科学院 SCI 高发文期刊 TOP10

排序	期刊名称	发文量（篇）	WOS 所有数据库总被引频次	WOS 核心库被引频次	期刊影响因子（最近年度）
1	PLOS ONE	1 110	9 885	8 560	3.24（2020）
2	SCIENTIFIC REPORTS	771	3 057	2 770	4.379（2020）
3	JOURNAL OF INTEGRATIVE AGRICULTURE	737	1 714	1 318	2.848（2020）
4	FRONTIERS IN PLANT SCIENCE	461	1 296	1 212	5.753（2020）
5	INTERNATIONAL JOURNAL OF MOLECULAR SCIENCES	368	838	753	5.923（2020）
6	JOURNAL OF AGRICULTURAL AND FOOD CHEMISTRY	344	1 882	1 703	5.279（2020）
7	FOOD CHEMISTRY	327	3 073	2 638	7.514（2020）
8	BMC GENOMICS	271	3 071	2 710	3.969（2020）
9	FRONTIERS IN MICROBIOLOGY	264	403	360	5.64（2020）
10	BMC PLANT BIOLOGY	221	1 547	1 376	4.215（2020）

1.5 合作发文国家与地区 TOP10

2011—2020 年中国农业科学院 SCI 合作发文国家与地区（合作发文 1 篇以上）TOP10 见表 1-5。

表 1-5 2011—2020 年中国农业科学院 SCI 合作发文国家与地区 TOP10

排序	国家与地区	合作发文量（篇）	WOS 所有数据库总被引频次	WOS 核心库被引频次
1	美国	2 851	29 552	26 265
2	澳大利亚	616	7 391	6 496
3	英格兰	557	7 994	7 289
4	巴基斯坦	508	1 083	1 000
5	加拿大	424	4 952	4 465
6	德国	351	6 747	6 114
7	法国	347	6 762	6 206
8	比利时	340	2 439	2 277
9	日本	296	5 472	4 906
10	荷兰	294	5 563	5 078

1.6 合作发文机构 TOP10

2011—2020 年中国农业科学院 SCI 合作发文机构 TOP10 见表 1-6。

表 1-6 2011—2020 年中国农业科学院 SCI 合作发文机构 TOP10

排序	合作发文机构	发文量（篇）	WOS 所有数据库总被引频次	WOS 核心库被引频次
1	中国科学院	2 171	19 935	17 223
2	中国农业大学	1 916	12 200	10 750
3	南京农业大学	911	8 131	6 755
4	华中农业大学	645	8 444	7 460
5	浙江大学	621	4 816	4 150
6	东北农业大学	574	2 352	2 074
7	扬州大学	523	1 865	1 605
8	中国科学院大学	522	2 470	2 191
9	西北农林科技大学	505	2 482	1 914
10	湖南农业大学	433	4 600	4 036

1.7 高频词 TOP20

2011—2020 年中国农业科学院 SCI 发文高频词（作者关键词）TOP20 见表 1-7。

表 1-7 2011—2020 年中国农业科学院 SCI 发文高频词（作者关键词）TOP20

排序	关键词（作者关键词）	频次	排序	关键词（作者关键词）	频次
1	rice	490	11	cotton	159
2	China	385	12	Soybean	154
3	Maize	246	13	climate change	140
4	gene expression	243	14	chicken	130
5	Transcriptome	236	15	Apoptosis	126
6	wheat	228	16	yield	123
7	genetic diversity	200	17	QTL	121
8	Toxoplasma gondii	186	18	growth performance	119
9	Phylogenetic analysis	181	19	Mitochondrial genome	116
10	RNA-Seq	168	20	proteomics	115

2 中文期刊论文分析

2011—2020 年，中国农业科学院作者共发表北大中文核心期刊论文 38 548 篇，中国科学引文数据库（CSCD）期刊论文 24 727 篇。

2.1 发文量

2011—2020 年中国农业科学院中文文献历年发文趋势（2011—2020 年）见图 2-1。

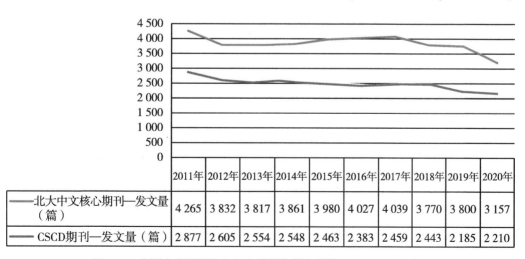

	2011年	2012年	2013年	2014年	2015年	2016年	2017年	2018年	2019年	2020年
北大中文核心期刊—发文量（篇）	4 265	3 832	3 817	3 861	3 980	4 027	4 039	3 770	3 800	3 157
CSCD期刊—发文量（篇）	2 877	2 605	2 554	2 548	2 463	2 383	2 459	2 443	2 185	2 210

图 2-1 中国农业科学院中文文献历年发文趋势（2011—2020 年）

2.2 高发文研究所 TOP10

2011—2020 年中国农业科学院北大中文核心期刊高发文研究所 TOP10 见表 2-1，2011—2020 年中国农业科学院中国科学引文数据库（CSCD）期刊高发文研究所 TOP10 见表 2-2。

表 2-1　2011—2020 年中国农业科学院北大中文核心期刊高发文研究所 TOP10　单位：篇

排序	研究所	发文量
1	中国农业科学院农业资源与农业区划研究所	2 922
2	中国农业科学院北京畜牧兽医研究所	2 830
3	中国农业科学院作物科学研究所	2 770
4	中国农业科学院植物保护研究所	2 341
5	中国农业科学院草原生态研究所	1 704
6	中国农业科学院蔬菜花卉研究所	1 664
7	中国农业科学院农业经济与发展研究所	1 377
8	中国农业科学院哈尔滨兽医研究所	1 331
9	中国农业科学院农业环境与可持续发展研究所	1 276
10	中国农业科学院农产品加工研究所	1 255

表 2-2　2011—2020 年中国农业科学院引文数据库 CSCD 期刊高发文研究所 TOP10 单位：篇

排序	研究所	发文量
1	中国农业科学院农业资源与农业区划研究所	2 211
2	中国农业科学院植物保护研究所	2 060
3	中国农业科学院作物科学研究所	1 831
4	中国农业科学院北京畜牧兽医研究所	1 518
5	中国农业科学院草原生态研究所	1 315
6	中国农业科学院农业环境与可持续发展研究所	1 172
7	中国农业科学院哈尔滨兽医研究所	1 005
8	中国农业科学院农产品加工研究所	929
9	中国农业科学院兰州兽医研究所	851
10	中国农业科学院蔬菜花卉研究所	846

2.3 高发文期刊 TOP10

2011—2020 年中国农业科学院高发文北大中文核心期刊 TOP10 见表 2-3，2011—2020 年中国农业科学院高发文 CSCD 期刊 TOP10 见表 2-4。

表 2-3　2011—2020 年中国农业科学院高发文期刊（北大中文核心）TOP10　　单位：篇

排序	期刊名称	发文量	排序	期刊名称	发文量
1	中国农业科学	1 272	6	中国蔬菜	716
2	动物营养学报	1 029	7	农业工程学报	692
3	草业科学	970	8	植物保护	669
4	中国畜牧兽医	892	9	中国兽医科学	633
5	中国预防兽医学报	878	10	畜牧兽医学报	621

表 2-4　2011—2020 年中国农业科学院高发文期刊（CSCD）TOP10　　单位：篇

排序	期刊名称	发文量	排序	期刊名称	发文量
1	中国农业科学	1 141	6	中国兽医科学	617
2	动物营养学报	939	7	畜牧兽医学报	579
3	中国预防兽医学报	819	8	植物遗传资源学报	551
4	草业科学	666	9	农业工程学报	548
5	植物保护	620	10	作物学报	521

2.4 合作发文机构 TOP10

2011—2020 年中国农业科学院北大中文核心期刊合作发文机构 TOP10 见表 2-5，2011—2020 年中国农业科学院 CSCD 期刊合作发文机构 TOP10 见表 2-6。

表 2-5　2011—2020 年中国农业科学院北大中文核心期刊合作发文机构 TOP10　　单位：篇

排序	合作发文机构	发文量	排序	合作发文机构	发文量
1	兰州大学	1 342	6	南京农业大学	706
2	中国农业大学	1 213	7	西北农林科技大学	627
3	甘肃农业大学	873	8	东北农业大学	613
4	中国科学院	768	9	沈阳农业大学	487
5	西南大学	737	10	扬州大学	467

表 2-6　2011—2020 年中国农业科学院 CSCD 期刊合作发文机构 TOP10　　单位：篇

排序	合作发文机构	发文量	排序	合作发文机构	发文量
1	兰州大学	1 344	6	西北农林科技大学	468
2	甘肃农业大学	699	7	西南大学	430
3	中国科学院	608	8	南京农业大学	368
4	中国农业大学	550	9	沈阳农业大学	356
5	东北农业大学	494	10	湖南农业大学	325

中国水产科学研究院

1 英文期刊论文分析

分析数据来源于科学引文索引数据库（Web of Science，WOS）收录文献类型为期刊论文（ARTICLE）、会议论文（PROCEEDINGS PAPER）和述评（REVIEW）的 Science Citation Index Expanded（SCIE）论文数据，数据时间范围为 2011—2020 年，共检索到中国水产科学研究院作者发表的论文 5 904 篇。

1.1 发文量

2011—2020 年中国水产科学研究院历年 SCI 发文与被引情况见表 1-1，中国水产科学研究院英文文献历年发文趋势（2011—2020 年）见图 1-1。

表 1-1 2011—2020 年中国水产科学研究院历年 SCI 发文与被引情况

出版年	发文量（篇）	WOS 所有数据库总被引频次	WOS 核心库被引频次
2011 年	284	3 560	2 989
2012 年	306	3 983	3 233
2013 年	430	3 840	3 303
2014 年	457	3 631	3 150
2015 年	574	2 873	2 540
2016 年	750	2 506	2 244
2017 年	674	1 915	1 754
2018 年	726	627	604
2019 年	853	135	135
2020 年	850	217	217

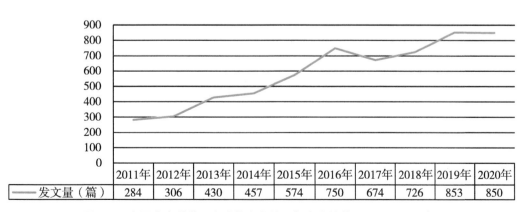

图 1-1 中国水产科学研究院英文文献历年发文趋势（2011—2020 年）

1.2 发文期刊 JCR 分区

2011—2020 年中国水产科学研究院 SCI 发文期刊 WOSJCR 分区情况见表 1-2，中国水产科学研究院 SCI 发文期刊 WOSJCR 分区趋势（2011—2020 年）见图 1-2。

表 1-2 2011—2020 年中国水产科学研究院 SCI 发文期刊 WOSJCR 分区情况

排序	出版年	Q1 区发文量（篇）	Q2 区发文量（篇）	Q3 区发文量（篇）	Q4 区发文量（篇）	其他发文量（篇）
1	2011 年	60	74	68	87	28
2	2012 年	71	96	81	70	25
3	2013 年	85	122	124	110	41
4	2014 年	98	147	108	140	18
5	2015 年	130	186	141	143	13
6	2016 年	154	182	108	265	70
7	2017 年	187	219	207	162	5
8	2018 年	257	225	139	147	1
9	2019 年	288	268	137	165	82
10	2020 年	392	161	138	114	0

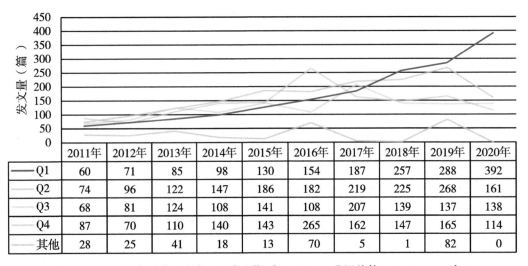

	2011年	2012年	2013年	2014年	2015年	2016年	2017年	2018年	2019年	2020年
Q1	60	71	85	98	130	154	187	257	288	392
Q2	74	96	122	147	186	182	219	225	268	161
Q3	68	81	124	108	141	108	207	139	137	138
Q4	87	70	110	140	143	265	162	147	165	114
其他	28	25	41	18	13	70	5	1	82	0

图 1-2 中国水产科学研究院 SCI 发文期刊 WOSJCR 分区趋势（2011—2020 年）

1.3 高发文研究所 TOP10

2011—2020 年中国水产科学研究院 SCI 高发文研究所 TOP10 见表 1-3。

表 1-3 2011—2020 年中国水产科学研究院 SCI 高发文研究所 TOP10　　　单位：篇

排序	研究所	发文量
1	中国水产科学研究院黄海水产研究所	1 599

（续表）

排序	研究所	发文量
2	中国水产科学研究院南海水产研究所	1 008
3	中国水产科学研究院淡水渔业研究中心	735
4	中国水产科学研究院东海水产研究所	699
5	中国水产科学研究院长江水产研究所	657
6	中国水产科学研究院珠江水产研究所	528
7	中国水产科学研究院黑龙江水产研究所	384
8	中国水产科学研究院渔业机械仪器研究所	45
9	中国水产科学研究院北戴河中心实验站	37
10	中国水产科学研究院黄河水产研究所	13

1.4　高发文期刊 TOP10

2011—2020 年中国水产科学研究院 SCI 高发文期刊 TOP10 见表1-4。

表1-4　2011—2020 年中国水产科学研究院 SCI 高发文期刊 TOP10

排序	期刊名称	发文量（篇）	WOS 所有数据库总被引频次	WOS 核心库被引频次	期刊影响因子（最近年度）
1	FISH & SHELLFISH IMMUNOLOGY	414	2 456	2 202	4.581（2020）
2	AQUACULTURE	264	1 206	1 003	4.242（2020）
3	AQUACULTURE RESEARCH	190	469	384	2.082（2020）
4	JOURNAL OF APPLIED ICHTHYOLOGY	183	593	464	0.892（2020）
5	MITOCHONDRIAL DNA PART A	145	111	109	1.514（2020）
6	MITOCHONDRIAL DNA PART B-RESOURCES	134	17	17	0.658（2020）
7	PLOS ONE	128	1 611	1 337	3.24（2020）
8	FISH PHYSIOLOGY AND BIOCHEMISTRY	104	454	390	2.794（2020）
9	MITOCHONDRIAL DNA	102	458	442	0.925（2017）
10	CHINESE JOURNAL OF OCEANOLOGY AND LIMNOLOGY	90	275	188	1.068（2019）

1.5　合作发文国家与地区 TOP10

2011—2020 年中国水产科学研究院 SCI 合作发文国家与地区（合作发文 1 篇以上）TOP10 见表1-5。

表 1-5　2011—2020 年中国水产科学研究院 SCI 合作发文国家与地区 TOP10

排序	国家与地区	合作发文量（篇）	WOS 所有数据库总被引频次	WOS 核心库被引频次
1	美国	318	1 821	1 634
2	澳大利亚	100	385	351
3	德国	57	421	370
4	捷克共和国	57	472	445
5	日本	55	261	214
6	加拿大	54	155	145
7	沙特阿拉伯	40	441	385
8	韩国	36	169	157
9	巴基斯坦	33	38	35
10	法国	33	380	333

1.6　合作发文机构 TOP10

2011—2020 年中国水产科学研究院 SCI 合作发文机构 TOP10 见表 1-6。

表 1-6　2011—2020 年中国水产科学研究院 SCI 合作发文机构 TOP10

排序	合作发文机构	发文量（篇）	WOS 所有数据库总被引频次	WOS 核心库被引频次
1	上海海洋大学	1 143	3 465	2 968
2	中国科学院	1 279	3 511	3 094
3	南京农业大学	796	1 954	1 729
4	中国海洋大学	705	1 836	1 611
5	华中农业大学	312	868	748
6	中山大学	272	755	643
7	厦门大学	160	414	350
8	青岛农业大学	159	672	606
9	大连海洋大学	147	854	726
10	华东师范大学	143	93	84

1.7　高频词 TOP20

2011—2020 年中国水产科学研究院 SCI 发文高频词（作者关键词）TOP20 见表 1-7。

表 1-7 2011—2020 年中国水产科学研究院 SCI 发文高频词（作者关键词）TOP20

排序	关键词（作者关键词）	频次	排序	关键词（作者关键词）	频次
1	Growth	250	11	Megalobrama amblycephala	62
2	mitochondrial genome	229	12	Aquaculture	60
3	Gene expression	184	13	Penaeus monodon	59
4	growth performance	136	14	Macrobrachium nipponense	59
5	Immune response	132	15	Temperature	58
6	Transcriptome	115	16	Microsatellite	57
7	Oxidative stress	102	17	mitogenome	54
8	Cynoglossus semilaevis	98	18	Tilapia	53
9	Genetic diversity	82	19	Trachinotus ovatus	53
10	Litopenaeus vannamei	73	20	Fish	52

2 中文期刊论文分析

2011—2020 年，中国水产科学研究院作者共发表北大中文核心期刊论文 10 181篇，中国科学引文数据库（CSCD）期刊论文 7 996篇。

2.1 发文量

2011—2020 年中国水产科学研究院中文文献历年发文趋势（2011—2020 年）见图 2-1。

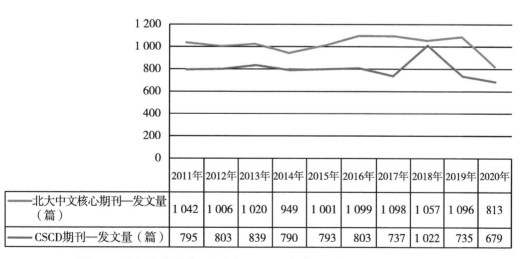

	2011年	2012年	2013年	2014年	2015年	2016年	2017年	2018年	2019年	2020年
北大中文核心期刊—发文量（篇）	1 042	1 006	1 020	949	1 001	1 099	1 098	1 057	1 096	813
CSCD期刊—发文量（篇）	795	803	839	790	793	803	737	1 022	735	679

图 2-1 中国水产科学研究院中文文献历年发文趋势（2011—2020 年）

2.2 高发文研究所 TOP10

2011—2020 年中国水产科学研究院北大中文核心期刊高发文研究所 TOP10 见表 2-1，2011—2020 年中国水产科学研究院中国科学引文数据库（CSCD）期刊高发文研究所 TOP10 见表 2-2。

表 2-1 2011—2020 年中国水产科学研究院北大中文核心期刊高发文研究所 TOP10 单位：篇

排序	研究所	发文量
1	中国水产科学研究院黄海水产研究所	3 071
2	中国水产科学研究院南海水产研究所	1 774
3	中国水产科学研究院东海水产研究所	1 333
4	中国水产科学研究院淡水渔业研究中心	1 015
5	中国水产科学研究院珠江水产研究所	798
6	中国水产科学研究院长江水产研究所	756
7	中国水产科学研究院黑龙江水产研究所	560
8	中国水产科学研究院渔业机械仪器研究所	465
9	中国水产科学研究院	455
10	中国水产科学研究院渔业工程研究所	47
11	中国水产科学研究院北戴河中心实验站	43

注："中国水产科学研究院"发文包括作者单位只标注为"中国水产科学研究院"、院属实验室等。

表 2-2 2011—2020 年中国水产科学研究院 CSCD 期刊高发文研究所 TOP10   单位：篇

排序	研究所	发文量
1	中国水产科学研究院黄海水产研究所	2 217
2	中国水产科学研究院南海水产研究所	1 670
3	中国水产科学研究院东海水产研究所	1 211
4	中国水产科学研究院淡水渔业研究中心	742
5	中国水产科学研究院珠江水产研究所	738
6	中国水产科学研究院长江水产研究所	620
7	中国水产科学研究院黑龙江水产研究所	489
8	中国水产科学研究院渔业机械仪器研究所	223
9	中国水产科学研究院	102
10	中国水产科学研究院北戴河中心实验站	43
11	中国水产科学研究院黄河水产研究所	19

注："中国水产科学研究院"发文包括作者单位只标注为"中国水产科学研究院"、院属实验室等。

2.3 高发文期刊 TOP10

2011—2020 年中国水产科学研究院高发文北大中文核心期刊 TOP10 见表 2–3，2011—2020 年中国水产科学研究院高发文 CSCD 期刊 TOP10 见表 2-4。

表 2-3 2011—2020 年中国水产科学研究院高发文期刊（北大中文核心）TOP10 单位：篇

排序	期刊名称	发文量	排序	期刊名称	发文量
1	渔业科学进展	810	6	淡水渔业	373
2	中国水产科学	755	7	渔业现代化	265
3	水产学报	611	8	海洋科学	246
4	南方水产科学	440	9	水生生物学报	242
5	海洋渔业	425	10	海洋与湖沼	242

表 2-4 2011—2020 年中国水产科学研究院高发文期刊（CSCD）TOP10 单位：篇

排序	期刊名称	发文量	排序	期刊名称	发文量
1	渔业科学进展	785	6	淡水渔业	325
2	中国水产科学	691	7	水生生物学报	214
3	水产学报	571	8	食品工业科技	201
4	南方水产科学	487	9	海洋与湖沼	190
5	海洋渔业	416	10	大连海洋大学学报	190

2.4 合作发文机构 TOP10

2011—2020 年中国水产科学研究院北大中文核心期刊合作发文机构 TOP10 见表 2-5，2011—2020 年中国水产科学研究院 CSCD 期刊合作发文机构 TOP10 见表 2-6。

表 2-5 2011—2020 年中国水产科学研究院北大中文核心期刊合作发文机构 TOP10 单位：篇

排序	合作发文机构	发文量	排序	合作发文机构	发文量
1	上海海洋大学	2 997	6	华中农业大学	188
2	中国海洋大学	684	7	国家海洋局第一海洋研究所	129
3	南京农业大学	555	8	西南大学	106
4	中国科学院	511	9	东北农业大学	103
5	大连海洋大学	385	10	中国石油大学	65

表 2-6 2011—2020 年中国水产科学研究院 CSCD 期刊合作发文机构 TOP10 单位：篇

排序	合作发文机构	发文量	排序	合作发文机构	发文量
1	上海海洋大学	2 563	6	华中农业大学	138
2	中国海洋大学	570	7	东北农业大学	69
3	南京农业大学	475	8	西南大学	68
4	大连海洋大学	332	9	厦门大学	63
5	中国科学院	312	10	青岛农业大学	55

中国热带农业科学院

1 英文期刊论文分析

分析数据来源于科学引文索引数据库（Web of Science，WOS）收录文献类型为期刊论文（ARTICLE）、会议论文（PROCEEDINGS PAPER）和述评（REVIEW）的 Science Citation Index Expanded（SCIE）论文数据，数据时间范围为 2011—2020 年，共检索到中国热带农业科学院作者发表的论文 2 886篇。

1.1 发文量

2011—2020 年中国热带农业科学院历年 SCI 发文与被引情况见表 1-1，中国热带农业科学院英文文献历年发文趋势（2011—2020 年）见图 1-1。

表 1-1 2011—2020 年中国热带农业科学院历年 SCI 发文与被引情况

出版年	发文量（篇）	WOS 所有数据库总被引频次	WOS 核心库被引频次
2011 年	189	2 114	1 729
2012 年	223	2 358	1 999
2013 年	263	2 132	1 782
2014 年	284	2 113	1 765
2015 年	299	1 572	1 388
2016 年	302	941	832
2017 年	317	1 157	1 041
2018 年	302	261	242
2019 年	363	61	60
2020 年	344	113	113

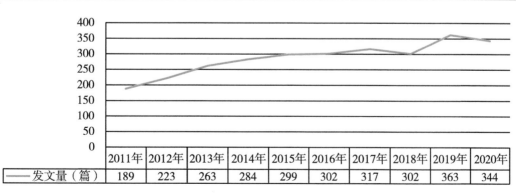

	2011年	2012年	2013年	2014年	2015年	2016年	2017年	2018年	2019年	2020年
发文量（篇）	189	223	263	284	299	302	317	302	363	344

图 1-1 中国热带农业科学院英文文献历年发文趋势（2011—2020 年）

1.2　发文期刊 JCR 分区

2011—2020年中国热带农业科学院SCI发文期刊WOSJCR分区情况见表1-2，中国热带农业科学院SCI发文期刊WOSJCR分区趋势（2011—2020年）见图1-2。

表1-2　2011—2020年中国热带农业科学院SCI发文期刊WOSJCR分区情况

排序	出版年	Q1区发文量（篇）	Q2区发文量（篇）	Q3区发文量（篇）	Q4区发文量（篇）	其他发文量（篇）
1	2011年	29	27	36	34	63
2	2012年	58	38	39	42	46
3	2013年	55	53	51	39	65
4	2014年	73	63	60	40	48
5	2015年	92	67	67	39	34
6	2016年	130	79	33	25	35
7	2017年	137	80	44	29	27
8	2018年	119	103	42	37	1
9	2019年	147	107	62	36	11
10	2020年	160	88	56	40	0

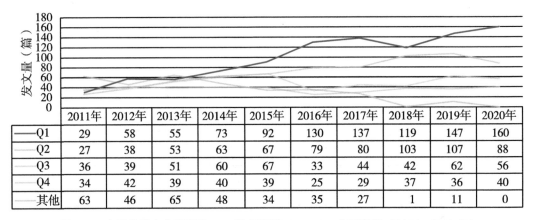

	2011年	2012年	2013年	2014年	2015年	2016年	2017年	2018年	2019年	2020年
Q1	29	58	55	73	92	130	137	119	147	160
Q2	27	38	53	63	67	79	80	103	107	88
Q3	36	39	51	60	67	33	44	42	62	56
Q4	34	42	39	40	39	25	29	37	36	40
其他	63	46	65	48	34	35	27	1	11	0

图1-2　中国热带农业科学院SCI发文期刊WOSJCR分区趋势（2011—2020年）

1.3　高发文研究所 TOP10

2011—2020年中国热带农业科学院SCI高发文研究所TOP10见表1-3。

表1-3　2011—2020年中国热带农业科学院SCI高发文研究所TOP10　　　单位：篇

排序	研究所	发文量
1	中国热带农业科学院热带生物技术研究所	892

（续表）

排序	研究所	发文量
2	中国热带农业科学院环境与植物保护研究所	433
3	中国热带农业科学院热带作物品种资源研究所	336
4	中国热带农业科学院橡胶研究所	325
5	中国热带农业科学院农产品加工研究所	294
6	中国热带农业科学院南亚热带作物研究所	206
7	中国热带农业科学院海口实验站	189
8	中国热带农业科学院椰子研究所	112
9	中国热带农业科学院香料饮料研究所	99
10	中国热带农业科学院分析测试中心	96

1.4　高发文期刊 TOP10

2011—2020 年中国热带农业科学院 SCI 高发文期刊 TOP10 见表 1-4。

表 1-4　2011—2020 年中国热带农业科学院 SCI 高发文期刊 TOP10

排序	期刊名称	发文量（篇）	WOS 所有数据库总被引频次	WOS 核心库被引频次	期刊影响因子（最近年度）
1	PLOS ONE	111	882	756	3.24（2020）
2	SCIENTIFIC REPORTS	89	411	376	4.379（2020）
3	INTERNATIONAL JOURNAL OF MOLECULAR SCIENCES	58	189	164	5.923（2020）
4	FRONTIERS IN PLANT SCIENCE	57	194	169	5.753（2020）
5	MOLECULES	56	269	215	4.411（2020）
6	JOURNAL OF ASIAN NATURAL PRODUCTS RESEARCH	46	167	144	1.569（2020）
7	GENETICS AND MOLECULAR RESEARCH	37	86	66	0.764（2015）
8	FITOTERAPIA	35	183	154	2.882（2020）
9	PLANT PHYSIOLOGY AND BIOCHEMISTRY	34	184	137	4.27（2020）
10	INDUSTRIAL CROPS AND PRODUCTS	34	47	41	5.645（2020）

1.5 合作发文国家与地区 TOP10

2011—2020年中国热带农业科学院SCI合作发文国家与地区（合作发文1篇以上）TOP10见表1-5。

表1-5 2011—2020年中国热带农业科学院SCI合作发文国家与地区TOP10

排序	国家与地区	合作发文量（篇）	WOS所有数据库总被引频次	WOS核心库被引频次
1	美国	228	1 615	1 423
2	澳大利亚	115	1 001	913
3	德国	52	425	387
4	巴基斯坦	40	33	27
5	英格兰	28	212	178
6	加拿大	25	216	184
7	法国	24	205	169
8	日本	22	55	50
9	泰国	20	159	132
10	荷兰	13	129	117

1.6 合作发文机构 TOP10

2011—2020年中国热带农业科学院SCI合作发文机构TOP10见表1-6。

表1-6 2011—2020年中国热带农业科学院SCI合作发文机构TOP10

排序	合作发文机构	发文量（篇）	WOS所有数据库总被引频次	WOS核心库被引频次
1	海南大学	544	2 337	1 970
2	中国科学院	250	1 809	1 553
3	华中农业大学	120	515	446
4	中国农业科学院	107	360	309
5	华南农业大学	90	367	318
6	中国农业大学	76	574	485
7	南京农业大学	76	440	389
8	迪肯大学	69	763	709
9	广东海洋大学	56	159	131
10	海南医学院	38	344	286

1.7 高频词 TOP20

2011—2020年中国热带农业科学院SCI发文高频词（作者关键词）TOP20见表1-7。

表 1-7　2011—2020 年中国热带农业科学院 SCI 发文高频词（作者关键词）TOP20

排序	关键词（作者关键词）	频次	排序	关键词（作者关键词）	频次
1	Hevea brasiliensis	93	11	Genetic diversity	27
2	Gene expression	72	12	agarwood	27
3	Cassava	61	13	Mango	26
4	natural rubber	45	14	taxonomy	24
5	Banana	43	15	Chitosan	24
6	Abiotic stress	42	16	RNA-Seq	24
7	Transcriptome	40	17	antioxidant activity	22
8	Rubber tree	31	18	mechanical properties	22
9	cytotoxicity	31	19	Phylogenetic analysis	21
10	Antibacterial activity	30	20	pineapple	21

2　中文期刊论文分析

2011—2020 年，中国热带农业科学院作者共发表北大中文核心期刊论文 5 524 篇，中国科学引文数据库（CSCD）期刊论文 4 806 篇。

2.1　发文量

2011—2020 年中国热带农业科学院中文文献历年发文趋势（2011—2020 年）见图 2-1。

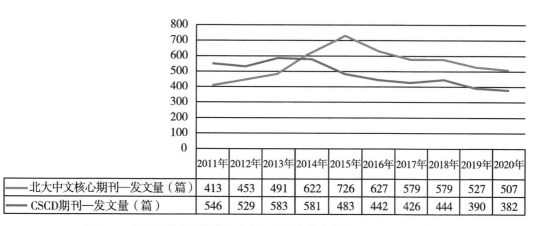

	2011年	2012年	2013年	2014年	2015年	2016年	2017年	2018年	2019年	2020年
北大中文核心期刊—发文量（篇）	413	453	491	622	726	627	579	579	527	507
CSCD期刊—发文量（篇）	546	529	583	581	483	442	426	444	390	382

图 2-1　中国热带农业科学院中文文献历年发文趋势（2011—2020 年）

2.2 高发文研究所 TOP10

2011—2020 年中国热带农业科学院北大中文核心期刊高发文研究所 TOP10 见表 2-1，2011—2020 年中国热带农业科学院中国科学引文数据库（CSCD）期刊高发文研究所 TOP10 见表 2-2。

表 2-1 2011—2020 年中国热带农业科学院北大中文核心期刊高发文研究所 TOP10　　单位：篇

排序	研究所	发文量
1	中国热带农业科学院热带作物品种资源研究所	1 085
2	中国热带农业科学院热带生物技术研究所	977
3	中国热带农业科学院环境与植物保护研究所	938
4	中国热带农业科学院橡胶研究所	723
5	中国热带农业科学院南亚热带作物研究所	513
6	中国热带农业科学院农产品加工研究所	289
7	中国热带农业科学院香料饮料研究所	262
8	中国热带农业科学院椰子研究所	255
9	中国热带农业科学院海口实验站	249
10	中国热带农业科学院分析测试中心	199

表 2-2 2011—2020 年中国热带农业科学院 CSCD 期刊高发文研究所 TOP10　　单位：篇

排序	研究所	发文量
1	中国热带农业科学院热带生物技术研究所	1 000
2	中国热带农业科学院热带作物品种资源研究所	907
3	中国热带农业科学院环境与植物保护研究所	869
4	中国热带农业科学院橡胶研究所	688
5	中国热带农业科学院南亚热带作物研究所	451
6	中国热带农业科学院香料饮料研究所	256
7	中国热带农业科学院椰子研究所	219
8	中国热带农业科学院农产品加工研究所	214
9	中国热带农业科学院海口实验站	192
10	中国热带农业科学院分析测试中心	166

2.3 高发文期刊 TOP10

2011—2020 年中国热带农业科学院高发文北大中文核心期刊 TOP10 见表 2-3，2011—2020 年中国热带农业科学院高发文 CSCD 期刊 TOP10 见表 2-4。

表 2-3 2011—2020 年中国热带农业科学院高发文期刊（北大中文核心）TOP10 单位：篇

排序	期刊名称	发文量	排序	期刊名称	发文量
1	热带作物学报	1 074	6	基因组学与应用生物学	132
2	广东农业科学	336	7	南方农业学报	130
3	分子植物育种	278	8	江苏农业科学	119
4	中国南方果树	158	9	西南农业学报	105
5	中国农学通报	150	10	安徽农业科学	102

表 2-4 2011—2020 年中国热带农业科学院高发文期刊（CSCD）TOP10 单位：篇

排序	期刊名称	发文量	排序	期刊名称	发文量
1	热带作物学报	1 732	6	基因组学与应用生物学	137
2	分子植物育种	287	7	西南农业学报	102
3	广东农业科学	253	8	果树学报	78
4	中国农学通报	168	9	生物技术通报	78
5	南方农业学报	152	10	植物保护	68

2.4 合作发文机构 TOP10

2011—2020 年中国热带农业科学院北大中文核心期刊合作发文机构 TOP10 见表 2-5，2011—2020 年中国热带农业科学院 CSCD 期刊合作发文机构 TOP10 见表 2-6。

表 2-5 2011—2020 年中国热带农业科学院北大中文核心期刊合作发文机构 TOP10 单位：篇

排序	合作发文机构	发文量	排序	合作发文机构	发文量
1	海南大学	1 590	6	中国农业科学院	62
2	华中农业大学	154	7	中国科学院	58
3	华南农业大学	103	8	黑龙江八一农垦大学	55
4	海南省农业科学院	87	9	云南农业大学	50
5	广东海洋大学	80	10	中国农业大学	49

表 2-6 2011—2020 年中国热带农业科学院 CSCD 期刊合作发文机构 TOP10 单位：篇

排序	合作发文机构	发文量	排序	合作发文机构	发文量
1	海南大学	1 518	6	海南省农业科学院	54
2	华中农业大学	109	7	云南农业大学	50
3	华南农业大学	86	8	中国科学院	45
4	广东海洋大学	72	9	南京农业大学	37
5	中国农业科学院	56	10	海南医学院	36

安徽省农业科学院

1 英文期刊论文分析

分析数据来源于科学引文索引数据库（Web of Science，WOS）收录文献类型为期刊论文（ARTICLE）、会议论文（PROCEEDINGS PAPER）和述评（REVIEW）的 Science Citation Index Expanded（SCIE）论文数据，数据时间范围为 2011—2020 年，共检索到安徽省农业科学院作者发表的论文 817 篇。

1.1 发文量

2011—2020 年安徽省农业科学院历年 SCI 发文与被引情况见表 1-1，安徽省农业科学院英文文献历年发文趋势（2011—2020 年）见图 1-1。

表 1-1 2011—2020 年安徽省农业科学院历年 SCI 发文与被引情况

出版年	发文量（篇）	WOS 所有数据库总被引频次	WOS 核心库被引频次
2011 年	22	198	162
2012 年	34	533	427
2013 年	45	476	408
2014 年	51	695	573
2015 年	79	682	597
2016 年	87	286	247
2017 年	90	407	373
2018 年	113	129	122
2019 年	139	19	19
2020 年	157	42	40

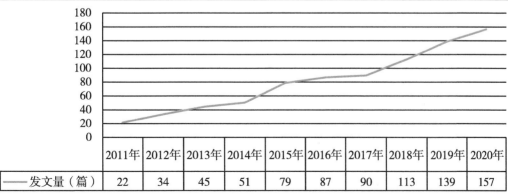

图 1-1 安徽省农业科学院英文文献历年发文趋势（2011—2020 年）

1.2　发文期刊 JCR 分区

2011—2020 年安徽省农业科学院 SCI 发文期刊 WOSJCR 分区情况见表 1-2，安徽省农业科学院 SCI 发文期刊 WOSJCR 分区趋势（2011—2020 年）见图 1-2。

表 1-2　2011—2020 年安徽省农业科学院 SCI 发文期刊 WOSJCR 分区情况

排序	出版年	Q1 区发文量（篇）	Q2 区发文量（篇）	Q3 区发文量（篇）	Q4 区发文量（篇）	其他发文量（篇）
1	2011 年	2	4	6	3	7
2	2012 年	11	12	6	5	0
3	2013 年	16	14	8	4	3
4	2014 年	23	16	6	6	0
5	2015 年	34	18	13	13	1
6	2016 年	39	15	19	4	10
7	2017 年	36	28	15	8	3
8	2018 年	47	26	19	20	1
9	2019 年	65	39	14	21	0
10	2020 年	81	47	10	16	3

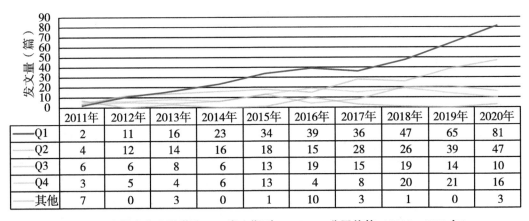

	2011年	2012年	2013年	2014年	2015年	2016年	2017年	2018年	2019年	2020年
Q1	2	11	16	23	34	39	36	47	65	81
Q2	4	12	14	16	18	15	28	26	39	47
Q3	6	6	8	6	13	19	15	19	14	10
Q4	3	5	4	6	13	4	8	20	21	16
其他	7	0	3	0	1	10	3	1	0	3

图 1-2　安徽省农业科学院 SCI 发文期刊 WOSJCR 分区趋势（2011—2020 年）

1.3　高发文研究所 TOP10

2011—2020 年安徽省农业科学院 SCI 高发文研究所 TOP10 见表 1-3。

表 1-3　2011—2020 年安徽省农业科学院 SCI 高发文研究所 TOP10　　　　单位：篇

排序	研究所	发文量
1	安徽省农业科学院畜牧兽医研究所	127

（续表）

排序	研究所	发文量
2	安徽省农业科学院植物保护与农产品质量安全研究所	125
2	安徽省农业科学院水稻研究所	125
3	安徽省农业科学院土壤肥料研究所	78
4	安徽省农业科学院作物研究所	73
5	安徽省农业科学院园艺研究所	60
6	安徽省农业科学院水产研究所	48
7	安徽省农业科学院烟草研究所	38
8	安徽省农业科学院蚕桑研究所	35
9	安徽省农业科学院农业工程研究所	32
10	安徽省农业科学院茶叶研究所	8

1.4 高发文期刊 TOP10

2011—2020 年安徽省农业科学院 SCI 高发文期刊 TOP10 见表 1-4。

表 1-4 2011—2020 年安徽省农业科学院 SCI 高发文期刊 TOP10

排序	期刊名称	发文量（篇）	WOS 所有数据库总被引频次	WOS 核心库被引频次	期刊影响因子（最近年度）
1	PLOS ONE	39	210	188	3.24（2020）
2	SCIENTIFIC REPORTS	34	197	177	4.379（2020）
3	FRONTIERS IN PLANT SCIENCE	17	33	28	5.753（2020）
4	ANIMALS	17	4	4	2.752（2020）
5	GENETICS AND MOLECULAR RESEARCH	15	31	24	0.764（2015）
6	FOOD CHEMISTRY	13	132	117	7.514（2020）
7	JOURNAL OF INTEGRATIVE AGRICULTURE	10	13	8	2.848（2020）
8	INTERNATIONAL JOURNAL OF MOLECULAR SCIENCES	10	9	9	5.923（2020）
9	MITOCHONDRIAL DNA PART B-RESOURCES	9	2	2	0.658（2020）
10	MOLECULAR BREEDING	8	70	51	2.589（2020）

1.5 合作发文国家与地区 TOP10

2011—2020 年安徽省农业科学院 SCI 合作发文国家与地区（合作发文 1 篇以上）TOP10 见表 1-5。

表 1-5 2011—2020 年安徽省农业科学院 SCI 合作发文国家与地区 TOP10

排序	国家与地区	合作发文量 （篇）	WOS 所有数据库 总被引频次	WOS 核心库 被引频次
1	美国	55	584	500
2	巴基斯坦	16	6	5
3	英格兰	14	100	85
4	澳大利亚	9	64	57
5	埃及	8	6	5
6	德国	6	28	26
7	中国台湾地区	6	11	9
8	新加坡	5	46	40
9	意大利	5	31	30
10	菲律宾	5	24	17

1.6 合作发文机构 TOP10

2011—2020 年安徽省农业科学院 SCI 合作发文机构 TOP10 见表 1-6。

表 1-6 2011—2020 年安徽省农业科学院 SCI 合作发文机构 TOP10

排序	合作发文机构	发文量 （篇）	WOS 所有数据库 总被引频次	WOS 核心库 被引频次
1	安徽农业大学	194	521	441
2	中国科学院	103	868	739
3	中国农业科学院	103	625	527
4	南京农业大学	66	721	617
5	中国农业大学	49	597	499
6	华中农业大学	39	495	410
7	合肥工业大学	35	230	211
8	中华人民共和国农业农村部	31	94	80
9	中国科学院大学	26	132	118
10	安徽大学	23	129	101

1.7　高频词 TOP20

2011—2020 年安徽省农业科学院 SCI 发文高频词（作者关键词）TOP20 见表 1-7。

表 1-7　2011—2020 年安徽省农业科学院 SCI 发文高频词（作者关键词）TOP20

排序	关键词（作者关键词）	频次	排序	关键词（作者关键词）	频次
1	Rice	30	11	Baseline sensitivity	8
2	Gene expression	13	12	Long-term fertilization	8
3	Pig	12	13	Bombyx mori	7
4	RNA-seq	10	14	Mitochondrial genome	7
5	Sheep	9	15	transcriptome	7
6	pear	9	16	DNA methylation	6
7	proteome	8	17	SNP	6
8	Multispectral imaging	8	18	Expression analysis	6
9	soybean	8	19	polymorphism	6
10	Marker-assisted selection	8	20	Polysaccharide	6

2　中文期刊论文分析

2011—2020 年，安徽省农业科学院作者共发表北大中文核心期刊论文 1 582篇，中国科学引文数据库（CSCD）期刊论文 1 004篇。

2.1　发文量

2011—2020 年安徽省农业科学院中文文献历年发文趋势（2011—2020 年）见图 2-1。

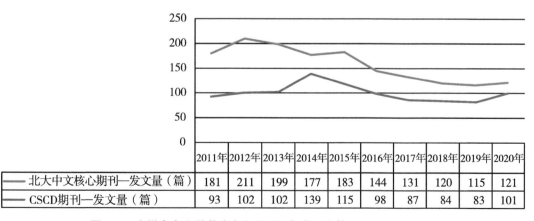

	2011年	2012年	2013年	2014年	2015年	2016年	2017年	2018年	2019年	2020年
北大中文核心期刊—发文量（篇）	181	211	199	177	183	144	131	120	115	121
CSCD期刊—发文量（篇）	93	102	102	139	115	98	87	84	83	101

图 2-1　安徽省农业科学院中文文献历年发文趋势（2011—2020 年）

2.2 高发文研究所 TOP10

2011—2020 年安徽省农业科学院北大中文核心期刊高发文研究所 TOP10 见表 2-1，2011—2020 年安徽省农业科学院中国科学引文数据库（CSCD）期刊高发文研究所 TOP10 见表 2-2。

表 2-1 2011—2020 年安徽省农业科学院北大中文核心期刊高发文研究所 TOP10 单位：篇

排序	研究所	发文量
1	安徽省农业科学院畜牧兽医研究所	244
2	安徽省农业科学院作物研究所	194
3	安徽省农业科学院土壤肥料研究所	187
4	安徽省农业科学院水稻研究所	168
5	安徽省农业科学院水产研究所	125
5	安徽省农业科学院植物保护与农产品质量安全研究所	125
6	安徽省农业科学院园艺研究所	115
7	安徽省农业科学院烟草研究所	93
8	安徽省农业科学院	76
9	安徽省农业科学院农产品加工研究所	70
10	安徽省农业科学院茶叶研究所	68

注："安徽省农业科学院"发文包括作者单位只标注为"安徽省农业科学院"、院属实验室等。

表 2-2 2011—2020 年安徽省农业科学院 CSCD 期刊高发文研究所 TOP10 单位：篇

排序	研究所	发文量
1	安徽省农业科学院作物研究所	171
2	安徽省农业科学院土壤肥料研究所	147
3	安徽省农业科学院水稻研究所	122
4	安徽省农业科学院植物保护与农产品质量安全研究所	103
5	安徽省农业科学院烟草研究所	86
6	安徽省农业科学院水产研究所	83
7	安徽省农业科学院园艺研究所	71
8	安徽省农业科学院畜牧兽医研究所	70
9	安徽省农业科学院茶叶研究所	54
10	安徽省农业科学院	36
11	安徽省农业科学院农产品加工研究所	30

注："安徽省农业科学院"发文包括作者单位只标注为"安徽省农业科学院"、院属实验室等。

2.3 高发文期刊 TOP10

2011—2020 年安徽省农业科学院高发文北大中文核心期刊 TOP10 见表 2-3，2011—2020 年安徽省农业科学院高发文 CSCD 期刊 TOP10 见表 2-4。

表 2-3　2011—2020 年安徽省农业科学院高发文期刊（北大中文核心）TOP10　单位：篇

排序	期刊名称	发文量	排序	期刊名称	发文量
1	安徽农业科学	195	6	园艺学报	34
2	安徽农业大学学报	69	7	麦类作物学报	32
3	中国农学通报	58	8	植物保护	31
4	中国家禽	51	9	杂交水稻	28
5	中国畜牧兽医	38	10	作物杂志	27

表 2-4　2011—2020 年安徽省农业科学院高发文期刊（CSCD）TOP10　单位：篇

排序	期刊名称	发文量	排序	期刊名称	发文量
1	安徽农业大学学报	76	6	土壤	26
2	中国农学通报	75	7	中国油料作物学报	25
3	麦类作物学报	31	8	园艺学报	24
4	植物保护	31	9	农药	23
5	杂交水稻	28	10	植物营养与肥料学报	22

2.4 合作发文机构 TOP10

2011—2020 年安徽省农业科学院北大中文核心期刊合作发文机构 TOP10 见表 2-5，2011—2020 年安徽省农业科学院 CSCD 期刊合作发文机构 TOP10 见表 2-6。

表 2-5　2011—2020 年安徽省农业科学院北大中文核心期刊合作发文机构 TOP10　单位：篇

排序	合作发文机构	发文量	排序	合作发文机构	发文量
1	安徽农业大学	251	6	安徽科技学院	27
2	中国农业科学院	73	7	安徽省烟草公司	26
3	中国科学院	46	8	中国农业大学	22
4	南京农业大学	44	9	合肥工业大学	20
5	华中农业大学	30	10	安徽大学	16

表 2-6　2011—2020 年安徽省农业科学院 CSCD 期刊合作发文机构 TOP10　　　　单位：篇

排序	合作发文机构	发文量	排序	合作发文机构	发文量
1	安徽农业大学	179	6	华中农业大学	24
2	中国农业科学院	59	7	安徽科技学院	18
3	中国科学院	44	8	合肥工业大学	13
4	南京农业大学	31	9	安徽大学	12
5	安徽省烟草公司	26	10	江苏省农业科学院	10

北京市农林科学院

1 英文期刊论文分析

分析数据来源于科学引文索引数据库（Web of Science，WOS）收录文献类型为期刊论文（ARTICLE）、会议论文（PROCEEDINGS PAPER）和述评（REVIEW）的 Science Citation Index Expanded（SCIE）论文数据，数据时间范围为 2011—2020 年，共检索到北京市农林科学院作者发表的论文 3 018篇。

1.1 发文量

2011—2020 年北京市农林科学院历年 SCI 发文与被引情况见表 1-1，北京市农林科学院英文文献历年发文趋势（2011—2020 年）见图 1-1。

表 1-1　2011—2020 年北京市农林科学院历年 SCI 发文与被引情况

出版年	发文量（篇）	WOS 所有数据库总被引频次	WOS 核心库被引频次
2011 年	178	2 284	1 764
2012 年	212	3 483	3 029
2013 年	238	2 584	2 233
2014 年	250	1 998	1 670
2015 年	278	2 004	1 786
2016 年	364	1 443	1 320
2017 年	321	1 614	1 461
2018 年	330	491	470
2019 年	404	202	200
2020 年	443	196	192

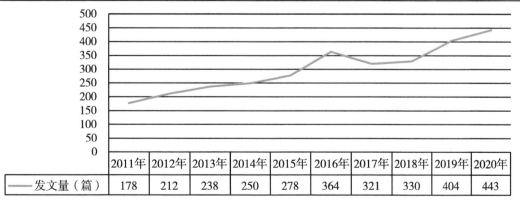

图 1-1　北京市农林科学院英文文献历年发文趋势（2011—2020 年）

1.2 发文期刊 JCR 分区

2011—2020 年北京市农林科学院 SCI 发文期刊 WOSJCR 分区情况见表 1-2，北京市农林科学院 SCI 发文期刊 WOSJCR 分区趋势（2011—2020 年）见图 1-2。

表 1-2 2011—2020 年北京市农林科学院 SCI 发文期刊 WOSJCR 分区情况

排序	出版年	Q1 区发文量（篇）	Q2 区发文量（篇）	Q3 区发文量（篇）	Q4 区发文量（篇）	其他发文量（篇）
1	2011 年	31	38	25	18	66
2	2012 年	39	31	32	39	71
3	2013 年	52	41	27	52	66
4	2014 年	53	46	28	48	75
5	2015 年	70	62	40	17	89
6	2016 年	98	66	47	55	98
7	2017 年	131	77	54	37	22
8	2018 年	142	104	37	42	5
9	2019 年	186	132	45	36	5
10	2020 年	230	114	45	32	20

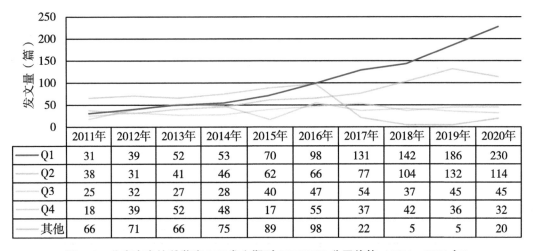

	2011年	2012年	2013年	2014年	2015年	2016年	2017年	2018年	2019年	2020年
Q1	31	39	52	53	70	98	131	142	186	230
Q2	38	31	41	46	62	66	77	104	132	114
Q3	25	32	27	28	40	47	54	37	45	45
Q4	18	39	52	48	17	55	37	42	36	32
其他	66	71	66	75	89	98	22	5	5	20

图 1-2 北京市农林科学院 SCI 发文期刊 WOSJCR 分区趋势（2011—2020 年）

1.3 高发文研究所 TOP10

2011—2020 年北京市农林科学院 SCI 高发文研究所 TOP10 见表 1-3。

表 1-3 2011—2020 年北京市农林科学院 SCI 高发文研究所 TOP10　　单位：篇

排序	研究所	发文量
1	北京市农林科学院北京农业信息技术研究中心	817

（续表）

排序	研究所	发文量
2	北京市农林科学院植物保护环境保护研究所	447
3	北京市农林科学院蔬菜研究中心	383
4	北京市农林科学院智能装备中心	292
5	北京市农林科学院农业质量标准与检测技术研究中心	188
6	北京市林业果树科学研究院	184
7	北京市农林科学院农业生物技术研究中心	174
8	北京市农林科学院畜牧兽医研究所	134
9	北京市农林科学院植物营养与资源研究所	108
10	北京市农林科学院杂交小麦工程技术研究中心	103

1.4 高发文期刊 TOP10

2011—2020 年北京市农林科学院 SCI 高发文期刊 TOP10 见表 1-4。

表 1-4　2011—2020 年北京市农林科学院 SCI 高发文期刊 TOP10

排序	期刊名称	发文量（篇）	WOS 所有数据库总被引频次	WOS 核心库被引频次	期刊影响因子（最近年度）
1	SPECTROSCOPY AND SPECTRAL ANALYSIS	107	396	152	0.589（2020）
2	SCIENTIFIC REPORTS	72	257	242	4.38（2020）
3	PLOS ONE	65	510	455	3.24（2020）
4	INTERNATIONAL JOURNAL OF AGRICULTURAL AND BIOLOGICAL ENGINEERING	48	104	89	2.032（2020）
5	REMOTE SENSING	45	267	241	4.848（2020）
6	FRONTIERS IN PLANT SCIENCE	39	87	80	5.754（2020）
7	SCIENTIA HORTICULTURAE	38	224	181	3.463（2020）
8	JOURNAL OF INTEGRATIVE AGRICULTURE	37	151	126	2.848（2020）
9	COMPUTERS AND ELECTRONICS IN AGRICULTURE	37	269	219	5.565（2020）

（续表）

排序	期刊名称	发文量（篇）	WOS所有数据库总被引频次	WOS核心库被引频次	期刊影响因子（最近年度）
10	FUNGAL DIVERSITY	30	1 857	1 801	20.372（2020）

1.5 合作发文国家与地区TOP10

2011—2020年北京市农林科学院SCI合作发文国家与地区（合作发文1篇以上）TOP10见表1-5。

表1-5 2011—2020年北京市农林科学院SCI合作发文国家与地区TOP10

排序	国家与地区	合作发文量（篇）	WOS所有数据库总被引频次	WOS核心库被引频次
1	美国	295	4 937	4 576
2	泰国	100	2 312	2 234
3	英格兰	67	2 687	2 563
4	澳大利亚	60	772	722
5	意大利	59	2 856	2 756
6	法国	52	2 465	2 352
7	德国	52	3 244	3 095
8	加拿大	48	787	744
9	日本	40	2 418	2 324
10	印度	34	2 780	2 702

1.6 合作发文机构TOP10

2011—2020年北京市农林科学院SCI合作发文机构TOP10见表1-6。

表1-6 2011—2020年北京市农林科学院SCI合作发文机构TOP10

排序	合作发文机构	发文量（篇）	WOS所有数据库总被引频次	WOS核心库被引频次
1	中国农业大学	403	3 208	2 846
2	中国科学院	320	4 884	4 523
3	中国农业科学院	254	2 519	2 249

（续表）

排序	合作发文机构	发文量（篇）	WOS 所有数据库总被引频次	WOS 核心库被引频次
4	皇太后大学	97	2 029	1 975
5	浙江大学	96	815	644
6	北京林业大学	89	1 383	1 339
7	北京师范大学	70	839	719
8	西北农林科技大学	64	231	190
9	安徽大学	60	123	101
10	沈阳农业大学	58	92	76

1.7　高频词 TOP20

2011—2020 年北京市农林科学院 SCI 发文高频词（作者关键词）TOP20 见表 1-7。

表 1-7　2011—2020 年北京市农林科学院 SCI 发文高频词（作者关键词）TOP20

排序	关键词（作者关键词）	频次	排序	关键词（作者关键词）	频次
1	Winter wheat	79	11	Genetic diversity	25
2	Maize	58	12	Mitochondrial genome	25
3	remote sensing	42	13	Phylogenetic analysis	21
4	Hyperspectral imaging	41	14	Soluble solids content	21
5	Taxonomy	40	15	soil	20
6	Phylogeny	40	16	China	19
7	wheat	33	17	Transcriptome	19
8	Gene expression	29	18	Hyperspectral remote sensing	19
9	apple	28	19	vegetation index	18
10	Hyperspectral	25	20	quality	17

2　中文期刊论文分析

2011—2020 年，北京市农林科学院作者共发表北大中文核心期刊论文 5 097 篇，中国科学引文数据库（CSCD）期刊论文 3 026 篇。

2.1 发文量

2011—2020年北京市农林科学院中文文献历年发文趋势（2011—2020年）见图 2-1。

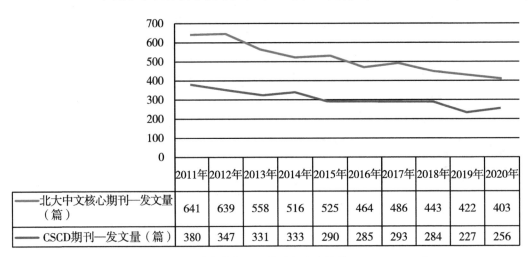

	2011年	2012年	2013年	2014年	2015年	2016年	2017年	2018年	2019年	2020年
北大中文核心期刊—发文量（篇）	641	639	558	516	525	464	486	443	422	403
CSCD期刊—发文量（篇）	380	347	331	333	290	285	293	284	227	256

图 2-1　北京市农林科学院中文文献历年发文趋势（2011—2020 年）

2.2 高发文研究所 TOP10

2011—2020年北京市农林科学院北大中文核心期刊高发文研究所 TOP10 见表 2-1，2011—2020年北京市农林科学院中国科学引文数据库（CSCD）期刊高发文研究所 TOP10 见表 2-2。

表 2-1　2011—2020 年北京市农林科学院北大中文核心期刊高发文研究所 TOP10　单位：篇

排序	研究所	发文量
1	北京市农林科学院北京农业信息技术研究中心	1 125
2	北京市农林科学院蔬菜研究中心	749
3	北京市农林科学院植物保护环境保护研究所	496
4	北京市林业果树科学研究院	424
5	北京市农林科学院智能装备中心	413
6	北京市农林科学院畜牧兽医研究所	342
7	北京市农林科学院植物营养与资源研究所	252
8	北京市农林科学院农业生物技术研究中心	215
9	北京市水产科学研究所	198
10	北京市农林科学院农业综合发展研究所	190

表 2-2 2011—2020 年北京市农林科学院 CSCD 期刊高发文研究所 TOP10　　单位：篇

排序	研究所	发文量
1	北京市农林科学院北京农业信息技术研究中心	719
2	北京市农林科学院蔬菜研究中心	369
3	北京市农林科学院植物保护环境保护研究所	301
4	北京市林业果树科学研究院	283
5	北京市农林科学院智能装备中心	202
6	北京市农林科学院植物营养与资源研究所	190
7	北京市农林科学院	171
8	北京市农林科学院北京草业与环境研究发展中心	163
9	北京市农林科学院玉米研究中心	133
10	北京市农林科学院农业生物技术研究中心	119

注："北京市农林科学院"发文包括作者单位只标注为"北京市农林科学院"、院属实验室等。

2.3　高发文期刊 TOP10

2011—2020 年北京市农林科学院高发文北大中文核心期刊 TOP10 见表 2-3，2011—2020 年北京市农林科学院高发文 CSCD 期刊 TOP10 见表 2-4。

表 2-3 2011—2020 年北京市农林科学院高发文期刊（北大中文核心）TOP10　　单位：篇

排序	期刊名称	发文量	排序	期刊名称	发文量
1	农业工程学报	300	6	中国农业科学	122
2	北方园艺	267	7	江苏农业科学	113
3	中国蔬菜	222	8	光谱学与光谱分析	113
4	农业机械学报	170	9	中国农学通报	111
5	农机化研究	144	10	食品工业科技	109

表 2-4 2011—2020 年北京市农林科学院高发文期刊（CSCD）TOP10　　单位：篇

排序	期刊名称	发文量	排序	期刊名称	发文量
1	农业工程学报	263	6	食品工业科技	92
2	农业机械学报	137	7	园艺学报	83
3	中国农业科学	123	8	食品科学	73
4	中国农学通报	114	9	华北农学报	63
5	光谱学与光谱分析	97	10	中国农业科技导报	62

2.4 合作发文机构 TOP10

2011—2020 年北京市农林科学院北大中文核心期刊合作发文机构 TOP10 见表 2-5，
2011—2020 年北京市农林科学院 CSCD 期刊合作发文机构 TOP10 见表 2-6。

表 2-5 2011—2020 年北京市农林科学院北大中文核心期刊合作发文机构 TOP10　单位：篇

排序	合作发文机构	发文量	排序	合作发文机构	发文量
1	中国农业大学	348	6	沈阳农业大学	101
2	中国农业科学院	174	7	首都师范大学	95
3	中国科学院	141	8	北京农学院	89
4	河北农业大学	139	9	北京市农业物联网工程技术研究中心	78
5	北京林业大学	103	10	西北农林科技大学	68

表 2-6 2011—2020 年北京市农林科学院 CSCD 期刊合作发文机构 TOP10　单位：篇

排序	合作发文机构	发文量	排序	合作发文机构	发文量
1	中国农业大学	247	6	沈阳农业大学	73
2	中国农业科学院	131	7	首都师范大学	54
3	中国科学院	101	8	西北农林科技大学	52
4	北京林业大学	88	9	山东农业大学	50
5	河北农业大学	85	10	北京农学院	47

重庆市农业科学院

1　英文期刊论文分析

分析数据来源于科学引文索引数据库（Web of Science，WOS）收录文献类型为期刊论文（ARTICLE）、会议论文（PROCEEDINGS PAPER）和述评（REVIEW）的 Science Citation Index Expanded（SCIE）论文数据，数据时间范围为 2011—2020 年，共检索到重庆市农业科学院作者发表的论文 225 篇。

1.1　发文量

2011—2020 年重庆市农业科学院历年 SCI 发文与被引情况见表 1-1，重庆市农业科学院英文文献历年发文趋势（2011—2020 年）见图 1-1。

表 1-1　2011—2020 年重庆市农业科学院历年 SCI 发文与被引情况

出版年	发文量（篇）	WOS 所有数据库总被引频次	WOS 核心库被引频次
2011 年	4	65	48
2012 年	3	33	25
2013 年	10	118	90
2014 年	19	173	137
2015 年	25	125	115
2016 年	24	90	79
2017 年	36	173	158
2018 年	39	59	57
2019 年	31	8	8
2020 年	34	6	6

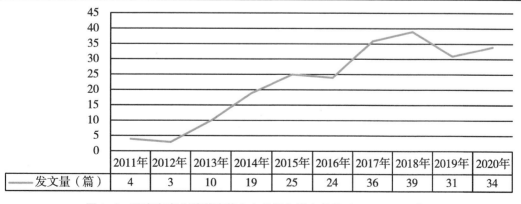

图 1-1　重庆市农业科学院英文文献历年发文趋势（2011—2020 年）

1.2 发文期刊 JCR 分区

2011—2020 年重庆市农业科学院 SCI 发文期刊 WOSJCR 分区情况见表 1-2，重庆市农业科学院 SCI 发文期刊 WOSJCR 分区趋势（2011—2020 年）见图 1-2。

表 1-2 2011—2020 年重庆市农业科学院 SCI 发文期刊 WOSJCR 分区情况

排序	出版年	Q1 区发文量（篇）	Q2 区发文量（篇）	Q3 区发文量（篇）	Q4 区发文量（篇）	其他发文量（篇）
1	2011 年	1	1	0	0	2
2	2012 年	2	0	0	1	0
3	2013 年	7	1	0	1	1
4	2014 年	9	4	4	2	0
5	2015 年	7	8	3	3	4
6	2016 年	12	8	1	3	0
7	2017 年	17	11	2	6	0
8	2018 年	15	11	10	3	0
9	2019 年	16	8	3	4	0
10	2020 年	16	13	2	3	0

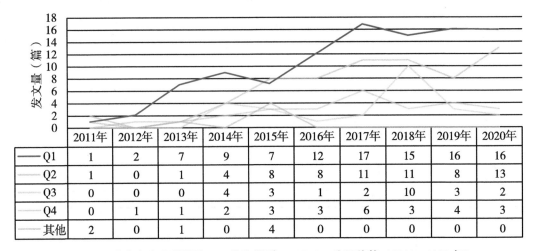

	2011年	2012年	2013年	2014年	2015年	2016年	2017年	2018年	2019年	2020年
Q1	1	2	7	9	7	12	17	15	16	16
Q2	1	0	1	4	8	8	11	11	8	13
Q3	0	0	0	4	3	1	2	10	3	2
Q4	0	1	1	2	3	3	6	3	4	3
其他	2	0	1	0	4	0	0	0	0	0

图 1-2 重庆市农业科学院 SCI 发文期刊 WOSJCR 分区趋势（2011—2020 年）

1.3 高发文研究所 TOP10

2011—2020 年重庆市农业科学院 SCI 高发文研究所 TOP10 见表 1-3。

表 1-3 2011—2020 年重庆市农业科学院 SCI 高发文研究所 TOP10　　　　单位：篇

排序	研究所	发文量
1	重庆市农业科学院农业资源与环境研究所	84

（续表）

排序	研究所	发文量
2	重庆市农业科学院蔬菜花卉研究所	16
3	重庆市农业科学院茶叶研究所	15
4	重庆市农业科学院农业工程研究所	10
4	重庆市农业科学院生物技术研究中心	10
4	重庆市农业科学院水稻研究所	10
5	重庆市农业科学院玉米研究所	6
6	重庆市农业科学院果树研究所	5
7	重庆市农业科学院农业科技信息中心	4
8	重庆市农业科学院特色作物研究所	2

1.4 高发文期刊 TOP10

2011—2020 年重庆市农业科学院 SCI 高发文期刊 TOP10 见表 1-4。

表 1-4 2011—2020 年重庆市农业科学院 SCI 高发文期刊 TOP10

排序	期刊名称	发文量（篇）	WOS 所有数据库总被引频次	WOS 核心库被引频次	期刊影响因子（最近年度）
1	ENVIRONMENTAL SCIENCE AND POLLUTION RESEARCH	11	40	39	4.223（2020）
2	CHEMOSPHERE	8	76	59	7.086（2020）
3	ENVIRONMENTAL POLLUTION	8	32	30	8.071（2020）
4	MITOCHONDRIAL DNA PART B-RESOURCES	8	1	1	0.658（2020）
5	SCIENTIFIC REPORTS	5	36	33	4.379（2020）
6	BMC PLANT BIOLOGY	5	15	15	4.215（2020）
7	RICE	4	6	5	4.783（2020）
8	PLOS ONE	4	37	32	3.24（2020）
9	INTERNATIONAL JOURNAL OF MOLECULAR SCIENCES	4	0	0	5.923（2020）

（续表）

排序	期刊名称	发文量（篇）	WOS 所有数据库总被引频次	WOS 核心库被引频次	期刊影响因子（最近年度）
10	BIORESOURCE TECHNOLOGY	4	47	33	9.642（2020）

1.5 合作发文国家与地区 TOP10

2011—2020 年重庆市农业科学院 SCI 合作发文国家与地区（合作发文 1 篇以上）TOP10 见表 1-5。

表 1-5 2011—2020 年重庆市农业科学院 SCI 合作发文国家与地区 TOP10

排序	国家与地区	合作发文量（篇）	WOS 所有数据库总被引频次	WOS 核心库被引频次
1	美国	18	119	103
2	瑞典	8	72	65
3	法国	4	3	3
4	英格兰	1	15	13
5	中国台湾地区	1	11	9
6	西班牙	1	9	9
7	荷兰	1	2	1
8	巴基斯坦	1	0	0
9	加拿大	1	0	0
10	马来西亚	1	0	0

1.6 合作发文机构 TOP10

2011—2020 年重庆市农业科学院 SCI 合作发文机构 TOP10 见表 1-6。

表 1-6 2011—2020 年重庆市农业科学院 SCI 合作发文机构 TOP10

排序	合作发文机构	发文量（篇）	WOS 所有数据库总被引频次	WOS 核心库被引频次
1	西南大学	117	463	394
2	中国科学院	23	147	126
3	中国农业科学院	22	120	95
4	重庆大学	20	73	61

（续表）

排序	合作发文机构	发文量（篇）	WOS 所有数据库总被引频次	WOS 核心库被引频次
5	四川农业大学	13	32	31
6	南京农业大学	10	42	40
7	瑞典农业科学大学	8	72	65
8	中华人民共和国教育部	7	12	10
9	华中农业大学	6	36	28
10	中国科学院大学	5	31	27

1.7 高频词 TOP20

2011—2020 年重庆市农业科学院 SCI 发文高频词（作者关键词）TOP20 见表 1-7。

表 1-7 2011—2020 年重庆市农业科学院 SCI 发文高频词（作者关键词）TOP20

排序	关键词（作者关键词）	频次	排序	关键词（作者关键词）	频次
1	Mercury	12	11	Chloroplast development	4
2	mitochondrial genome	10	12	eggplant	4
3	Methylmercury	10	13	Tomato	4
4	Cadmium	8	14	phosphorus	4
5	Adsorption	7	15	Three Gorges Reservoir Area	4
6	Three Gorges Reservoir	7	16	Heavy metals	4
7	rice	6	17	Dissolved organic matter	4
8	tea pest	6	18	maize	4
9	HPLC-ESI-MS/MS	5	19	Constructed wetland	3
10	Soil	5	20	Phthalate esters	3

2 中文期刊论文分析

2011—2020 年，重庆市农业科学院作者共发表北大中文核心期刊论文 710 篇，中国科学引文数据库（CSCD）期刊论文 523 篇。

2.1 发文量

2011—2020 年重庆市农业科学院中文文献历年发文趋势（2011—2020 年）见图 2-1。

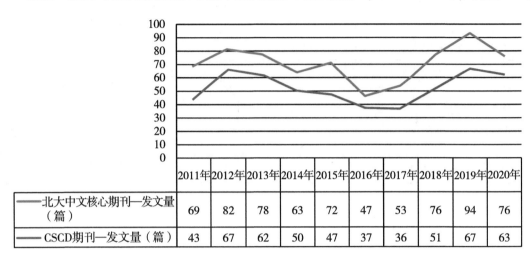

	2011年	2012年	2013年	2014年	2015年	2016年	2017年	2018年	2019年	2020年
北大中文核心期刊—发文量（篇）	69	82	78	63	72	47	53	76	94	76
CSCD期刊—发文量（篇）	43	67	62	50	47	37	36	51	67	63

图 2-1　重庆市农业科学院中文文献历年发文趋势（2011—2020 年）

2.2 高发文研究所 TOP10

2011—2020 年重庆市农业科学院北大中文核心期刊高发文研究所 TOP10 见表 2-1，2011—2020 年重庆市农业科学院中国科学引文数据库（CSCD）期刊高发文研究所 TOP10 见表 2-2。

表 2-1　2011—2020 年重庆市农业科学院北大中文核心期刊高发文研究所 TOP10 单位：篇

排序	研究所	发文量
1	重庆市农业科学院	229
2	重庆市农业科学院果树研究所	72
3	重庆市农业科学院茶叶研究所	69
4	重庆市农业科学院水稻研究所	54
5	重庆市农业科学院玉米研究所	52
6	重庆市农业科学院蔬菜花卉研究所	49
7	重庆市农业科学院特色作物研究所	47
8	重庆市农业科学院农产品贮藏加工研究所	46
9	重庆市农业科学院生物技术研究中心	37
10	重庆中一种业有限公司	28
11	重庆科光种苗有限公司	23

注："重庆市农业科学院"发文包括作者单位只标注为"重庆市农业科学院"、院属实验室等。

表 2-2　2011—2020 年重庆市农业科学院 CSCD 期刊高发文研究所 TOP10　　单位：篇

排序	研究所	发文量
1	重庆市农业科学院	147
2	重庆市农业科学院茶叶研究所	62
3	重庆市农业科学院果树研究所	53
4	重庆市农业科学院水稻研究所	45
5	重庆市农业科学院农产品贮藏加工研究所	43
6	重庆市农业科学院特色作物研究所	41
7	重庆市农业科学院生物技术研究中心	39
8	重庆市农业科学院蔬菜花卉研究所	37
9	重庆市农业科学院玉米研究所	35
10	重庆中一种业有限公司	26
11	重庆市农业科学院农业质量标准检测技术研究所	14

注："重庆市农业科学院"发文包括作者单位只标注为"重庆市农业科学院"、院属实验室等。

2.3　高发文期刊 TOP10

2011—2020 年重庆市农业科学院高发文北大中文核心期刊 TOP10 见表 2-3，2011—2020 年重庆市农业科学院高发文 CSCD 期刊 TOP10 见表 2-4。

表 2-3　2011—2020 年重庆市农业科学院高发文期刊（北大中文核心）TOP10　　单位：篇

排序	期刊名称	发文量	排序	期刊名称	发文量
1	西南农业学报	135	6	湖北农业科学	20
2	杂交水稻	50	7	中国蔬菜	19
3	种子	30	8	中国农学通报	17
4	分子植物育种	28	9	安徽农业科学	16
5	西南大学学报（自然科学版）	21	10	中国南方果树	15

表 2-4　2011—2020 年重庆市农业科学院高发文期刊（CSCD）TOP10　　单位：篇

排序	期刊名称	发文量	排序	期刊名称	发文量
1	西南农业学报	128	6	南方农业学报	21
2	杂交水稻	50	7	食品科学	14
3	分子植物育种	28	8	食品与发酵工业	12
4	中国农学通报	22	9	植物遗传资源学报	10
5	西南大学学报·自然科学版	21	10	种子	9

2.4 合作发文机构 TOP10

2011—2020年重庆市农业科学院北大中文核心期刊合作发文机构 TOP10 见表 2-5，2011—2020年重庆市农业科学院 CSCD 期刊合作发文机构 TOP10 见表 2-6。

表 2-5　2011—2020 年重庆市农业科学院北大中文核心期刊合作发文机构 TOP10　单位：篇

排序	合作发文机构	发文量	排序	合作发文机构	发文量
1	西南大学	87	6	宜宾学院	8
2	中国农业科学院	34	7	重庆文理学院	7
3	四川农业大学	20	8	东北农业大学	7
4	重庆大学	9	9	中国人民银行重庆营业管理部	6
5	长江师范学院	8	10	中国科学院	6

表 2-6　2011—2020 年重庆市农业科学院 CSCD 期刊合作发文机构 TOP10　单位：篇

排序	合作发文机构	发文量	排序	合作发文机构	发文量
1	西南大学	79	6	重庆师范大学	6
2	中国农业科学院	32	7	中国科学院	6
3	四川农业大学	16	8	东北农业大学	6
4	重庆大学	9	9	东北林业大学	5
5	长江师范学院	7	10	宜宾学院	5

福建省农业科学院

1 英文期刊论文分析

分析数据来源于科学引文索引数据库（Web of Science，WOS）收录文献类型为期刊论文（ARTICLE）、会议论文（PROCEEDINGS PAPER）和述评（REVIEW）的 Science Citation Index Expanded（SCIE）论文数据，数据时间范围为 2011—2020 年，共检索到福建省农业科学院作者发表的论文 769 篇。

1.1 发文量

2011—2020 年福建省农业科学院历年 SCI 发文与被引情况见表 1-1，福建省农业科学院英文文献历年发文趋势（2011—2020 年）见图 1-1。

表 1-1 2011—2020 年福建省农业科学院历年 SCI 发文与被引情况

出版年	发文量（篇）	WOS 所有数据库总被引频次	WOS 核心库被引频次
2011 年	40	1 688	1 506
2012 年	42	669	549
2013 年	33	377	320
2014 年	46	335	289
2015 年	53	351	310
2016 年	92	460	415
2017 年	99	343	294
2018 年	101	86	82
2019 年	124	31	31
2020 年	139	34	32

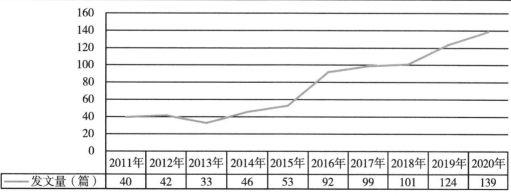

图 1-1 福建省农业科学院英文文献历年发文趋势（2011—2020 年）

1.2 发文期刊 JCR 分区

2011—2020 年福建省农业科学院 SCI 发文期刊 WOSJCR 分区情况见表 1-2，福建省农业科学院 SCI 发文期刊 WOSJCR 分区趋势（2011—2020 年）见图 1-2。

表 1-2 2011—2020 年福建省农业科学院 SCI 发文期刊 WOSJCR 分区情况

排序	出版年	Q1 区发文量（篇）	Q2 区发文量（篇）	Q3 区发文量（篇）	Q4 区发文量（篇）	其他发文量（篇）
1	2011 年	12	8	12	6	2
2	2012 年	15	10	5	8	4
3	2013 年	9	13	5	5	1
4	2014 年	11	16	13	3	3
5	2015 年	18	14	15	6	0
6	2016 年	31	30	17	8	6
7	2017 年	34	23	23	17	2
8	2018 年	38	21	23	18	1
9	2019 年	43	35	25	17	4
10	2020 年	59	33	29	17	1

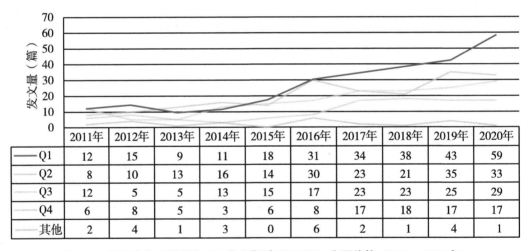

	2011年	2012年	2013年	2014年	2015年	2016年	2017年	2018年	2019年	2020年
Q1	12	15	9	11	18	31	34	38	43	59
Q2	8	10	13	16	14	30	23	21	35	33
Q3	12	5	5	13	15	17	23	23	25	29
Q4	6	8	5	3	6	8	17	18	17	17
其他	2	4	1	3	0	6	2	1	4	1

图 1-2 福建省农业科学院 SCI 发文期刊 WOSJCR 分区趋势（2011—2020 年）

1.3 高发文研究所 TOP10

2011—2020 年福建省农业科学院 SCI 高发文研究所 TOP10 见表 1-3。

表 1-3 2011—2020 年福建省农业科学院 SCI 高发文研究所 TOP10   单位：篇

排序	研究所	发文量
1	福建省农业科学院植物保护研究所	123

（续表）

排序	研究所	发文量
2	福建省农业科学院畜牧兽医研究所	102
3	福建省农业科学院农业生物资源研究所	75
4	福建省农业科学院生物技术研究所	72
5	福建省农业科学院土壤肥料研究所	64
6	福建省农业科学院果树研究所	54
7	福建省农业科学院农业工程技术研究所	51
7	福建省农业科学院水稻研究所	51
8	福建省农业科学院食用菌研究所	33
8	福建省农业科学院茶叶研究所	33
9	福建省农业科学院作物研究所	24
10	福建省农业科学院农业生态研究所	21

1.4 高发文期刊 TOP10

2011—2020 年福建省农业科学院 SCI 高发文期刊 TOP10 见表 1-4。

表 1-4 2011—2020 年福建省农业科学院 SCI 高发文期刊 TOP10

排序	期刊名称	发文量（篇）	WOS 所有数据库总被引频次	WOS 核心库被引频次	期刊影响因子（最近年度）
1	PLOS ONE	20	80	67	3.24（2020）
2	INTERNATIONAL JOURNAL OF SYSTEMATIC AND EVOLUTIONARY MICROBIOLOGY	18	25	16	2.747（2020）
3	SCIENTIFIC REPORTS	16	28	26	4.379（2020）
4	SCIENTIA HORTICULTURAE	15	32	27	3.463（2020）
5	SYSTEMATIC AND APPLIED ACAROLOGY	13	28	28	1.421（2020）
6	INTERNATIONAL JOURNAL OF BIOLOGICAL MACROMOLECULES	13	94	78	6.953（2020）
7	JOURNAL OF VETERINARY MEDICAL SCIENCE	12	34	27	1.267（2020）
8	PARASITOLOGY RESEARCH	12	198	193	2.289（2020）
9	FRONTIERS IN PLANT SCIENCE	12	9	8	5.753（2020）

（续表）

排序	期刊名称	发文量（篇）	WOS 所有数据库总被引频次	WOS 核心库被引频次	期刊影响因子（最近年度）
10	JOURNAL OF ECONOMIC ENTOMOLOGY	11	25	23	2.381（2020）

1.5　合作发文国家与地区 TOP10

2011—2020 年福建省农业科学院 SCI 合作发文国家与地区（合作发文 1 篇以上）TOP10 见表 1-5。

表 1-5　2011—2020 年福建省农业科学院 SCI 合作发文国家与地区 TOP10

排序	国家与地区	合作发文量（篇）	WOS 所有数据库总被引频次	WOS 核心库被引频次
1	美国	68	1 628	1 525
2	德国	25	1 152	1 102
3	加拿大	24	1 240	1 186
4	印度	23	295	288
5	日本	23	192	184
6	意大利	23	1 386	1 337
7	澳大利亚	22	1 112	1 062
8	中国台湾地区	17	1 137	1 097
9	沙特阿拉伯	17	275	270
10	法国	10	1 272	1 205

1.6　合作发文机构 TOP10

2011—2020 年福建省农业科学院 SCI 合作发文机构 TOP10 见表 1-6。

表 1-6　2011—2020 年福建省农业科学院 SCI 合作发文机构 TOP10

排序	合作发文机构	发文量（篇）	WOS 所有数据库总被引频次	WOS 核心库被引频次
1	福建农林大学	203	496	411
2	中国科学院	56	424	359
3	厦门大学	37	222	208
4	中国农业科学院	31	503	436

（续表）

排序	合作发文机构	发文量（篇）	WOS 所有数据库总被引频次	WOS 核心库被引频次
5	南京农业大学	23	49	41
6	福建师范大学	23	84	69
7	巴拉蒂尔大学	19	282	277
8	中国农业大学	18	257	182
9	华中农业大学	18	102	84
10	复旦大学	18	1 199	1 139

1.7 高频词 TOP20

2011—2020 年福建省农业科学院 SCI 发文高频词（作者关键词）TOP20 见表 1-7。

表 1-7　2011—2020 年福建省农业科学院 SCI 发文高频词（作者关键词）TOP20

排序	关键词（作者关键词）	频次	排序	关键词（作者关键词）	频次
1	rice	19	11	biosafety	7
2	Camellia sinensis	13	12	Plutella xylostella	7
3	transcriptome	13	13	taxonomy	7
4	goose parvovirus	12	14	China	7
5	Phylogenetic analysis	11	15	genetic diversity	7
6	Gene expression	9	16	Muscovy duck parvovirus	7
7	Pathogenicity	8	17	Yield	6
8	real-time PCR	8	18	antioxidant activity	6
9	Oryza sativa	8	19	Nanobiotechnology	6
10	Arbovirus	7	20	temperature	6

2　中文期刊论文分析

2011—2020 年，福建省农业科学院作者共发表北大中文核心期刊论文 2 494 篇，中国科学引文数据库（CSCD）期刊论文 1 793 篇。

2.1 发文量

2011—2020 年福建省农业科学院中文文献历年发文趋势（2011—2020 年）见图 2-1。

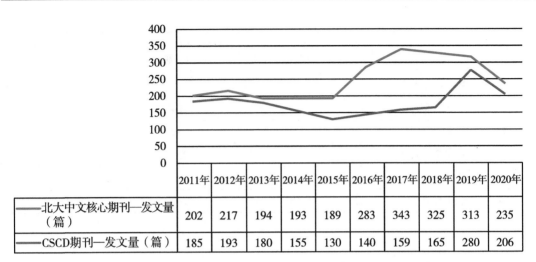

	2011年	2012年	2013年	2014年	2015年	2016年	2017年	2018年	2019年	2020年
北大中文核心期刊—发文量（篇）	202	217	194	193	189	283	343	325	313	235
CSCD期刊—发文量（篇）	185	193	180	155	130	140	159	165	280	206

图 2-1 福建省农业科学院中文文献历年发文趋势（2011—2020 年）

2.2 高发文研究所 TOP10

2011—2020 年福建省农业科学院北大中文核心期刊高发文研究所 TOP10 见表 2-1，2011—2020 年福建省农业科学院中国科学引文数据库（CSCD）期刊高发文研究所 TOP10 见表 2-2。

表 2-1 2011—2020 年福建省农业科学院北大中文核心期刊高发文研究所 TOP10 单位：篇

排序	研究所	发文量
1	福建省农业科学院畜牧兽医研究所	404
2	福建省农业科学院果树研究所	299
3	福建省农业科学院作物研究所	224
4	福建省农业科学院土壤肥料研究所	203
5	福建省农业科学院农业生态研究所	195
6	福建省农业科学院植物保护研究所	183
7	福建省农业科学院农业生物资源研究所	179
8	福建省农业科学院茶叶研究所	151
9	福建省农业科学院农业工程技术研究所	141
10	福建省农业科学院农业质量标准与检测技术研究所	134

表 2-2 2011—2020 年福建省农业科学院 CSCD 期刊高发文研究所 TOP10 单位：篇

排序	研究所	发文量
1	福建省农业科学院畜牧兽医研究所	234

（续表）

排序	研究所	发文量
2	福建省农业科学院土壤肥料研究所	189
3	福建省农业科学院作物研究所	187
4	福建省农业科学院植物保护研究所	180
5	福建省农业科学院果树研究所	173
6	福建省农业科学院农业生态研究所	171
7	福建省农业科学院农业生物资源研究所	137
8	福建省农业科学院水稻研究所	120
9	福建省农业科学院茶叶研究所	116
10	福建省农业科学院农业质量标准与检测技术研究所	100

2.3 高发文期刊 TOP10

2011—2020 年福建省农业科学院高发文北大中文核心期刊 TOP10 见表 2-3，2011—2020 年福建省农业科学院高发文 CSCD 期刊 TOP10 见表 2-4。

表 2-3 **2011—2020 年福建省农业科学院高发文期刊（北大中文核心）TOP10**　　单位：篇

排序	期刊名称	发文量	排序	期刊名称	发文量
1	福建农业学报	372	6	农业生物技术学报	54
2	中国南方果树	114	7	茶叶科学	53
3	中国农学通报	86	8	园艺学报	52
4	热带作物学报	83	9	分子植物育种	48
5	福建农林大学学报（自然科学版）	55	10	核农学报	46

表 2-4 **2011—2020 年福建省农业科学院高发文期刊（CSCD）TOP10**　　单位：篇

排序	期刊名称	发文量	排序	期刊名称	发文量
1	福建农业学报	168	6	农业生物技术学报	48
2	热带作物学报	158	7	福建农林大学学报·自然科学版	45
3	中国农学通报	94	8	核农学报	41
4	分子植物育种	60	9	农业环境科学学报	37
5	茶叶科学	54	10	园艺学报	37

2.4 合作发文机构 TOP10

2011—2020 年福建省农业科学院北大中文核心期刊合作发文机构 TOP10 见表 2-5，2011—2020 年福建省农业科学院 CSCD 期刊合作发文机构 TOP10 见表 2-6。

表 2-5 2011—2020 年福建省农业科学院北大中文核心期刊合作发文机构 TOP10　单位：篇

排序	合作发文机构	发文量	排序	合作发文机构	发文量
1	福建农林大学	377	6	福建省建宁县农业局	15
2	福建师范大学	49	7	厦门大学	15
3	福州大学	31	8	福建农业职业技术学院	12
4	中国农业科学院	31	9	福州市蔬菜科学研究所	12
5	浙江省农业科学院	16	10	广东省农业科学院	11

表 2-6 2011—2020 年福建省农业科学院 CSCD 期刊合作发文机构 TOP10　单位：篇

排序	合作发文机构	发文量	排序	合作发文机构	发文量
1	福建农林大学	289	6	中国科学院	12
2	福建师范大学	40	7	福建农业职业技术学院	11
3	中国农业科学院	29	8	福州市蔬菜科学研究所	10
4	福州大学	28	9	广东省农业科学院	9
5	福建省食用菌技术推广总站	12	10	厦门大学	8

甘肃省农业科学院

1 英文期刊论文分析

分析数据来源于科学引文索引数据库（Web of Science，WOS）收录文献类型为期刊论文（ARTICLE）、会议论文（PROCEEDINGS PAPER）和述评（REVIEW）的 Science Citation Index Expanded（SCIE）论文数据，数据时间范围为 2011—2020 年，共检索到甘肃省农业科学院作者发表的论文 272 篇。

1.1 发文量

2011—2020 年甘肃省农业科学院历年 SCI 发文与被引情况见表 1-1，甘肃省农业科学院英文文献历年发文趋势（2011—2020 年）见图 1-1。

表 1-1 2011—2020 年甘肃省农业科学院历年 SCI 发文与被引情况

出版年	发文量（篇）	WOS 所有数据库总被引频次	WOS 核心库被引频次
2011 年	12	231	168
2012 年	17	233	196
2013 年	14	200	162
2014 年	21	122	110
2015 年	20	106	94
2016 年	29	69	54
2017 年	18	48	44
2018 年	28	36	33
2019 年	46	5	5
2020 年	67	23	23

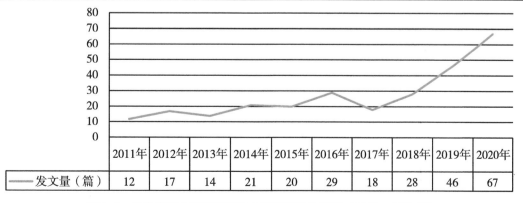

图 1-1 甘肃省农业科学院英文文献历年发文趋势（2011—2020 年）

1.2 发文期刊 JCR 分区

2011—2020 年甘肃省农业科学院 SCI 发文期刊 WOSJCR 分区情况见表 1-2，甘肃省农业科学院 SCI 发文期刊 WOSJCR 分区趋势（2011—2020 年）见图 1-2。

表 1-2 2011—2020 年甘肃省农业科学院 SCI 发文期刊 WOSJCR 分区情况

排序	出版年	Q1 区发文量（篇）	Q2 区发文量（篇）	Q3 区发文量（篇）	Q4 区发文量（篇）	其他发文量（篇）
1	2011 年	3	1	6	1	1
2	2012 年	7	2	2	2	4
3	2013 年	6	4	3	0	1
4	2014 年	10	7	2	0	2
5	2015 年	15	2	0	3	0
6	2016 年	8	12	5	3	1
7	2017 年	11	2	3	2	0
8	2018 年	13	10	1	3	1
9	2019 年	26	9	3	8	0
10	2020 年	34	15	10	8	0

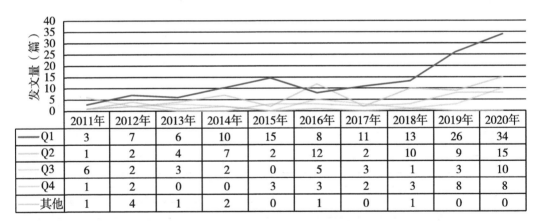

	2011年	2012年	2013年	2014年	2015年	2016年	2017年	2018年	2019年	2020年
Q1	3	7	6	10	15	8	11	13	26	34
Q2	1	2	4	7	2	12	2	10	9	15
Q3	6	2	3	2	0	5	3	1	3	10
Q4	1	2	0	0	3	3	2	3	8	8
其他	1	4	1	2	0	1	0	1	0	0

图 1-2 甘肃省农业科学院 SCI 发文期刊 WOSJCR 分区趋势（2011—2020 年）

1.3 高发文研究所 TOP10

2011—2020 年甘肃省农业科学院 SCI 高发文研究所 TOP10 见表 1-3。

表 1-3 2011—2020 年甘肃省农业科学院 SCI 高发文研究所 TOP10　　　　单位：篇

排序	研究所	发文量
1	甘肃省农业科学院植物保护研究所	49

（续表）

排序	研究所	发文量
2	甘肃省农业科学院土壤肥料与节水农业研究所	39
3	甘肃省农业科学院作物研究所	27
4	甘肃省农业科学院旱地农业研究所	24
5	甘肃省农业科学院小麦研究所	19
6	甘肃省农业科学院林果花卉研究所	17
7	甘肃省农业科学院蔬菜研究所	11
7	甘肃省农业科学院马铃薯研究所	11
8	甘肃省农业科学院农产品贮藏加工研究所	5
9	甘肃省农业科学院生物技术研究所	2

1.4 高发文期刊 TOP10

2011—2020 年甘肃省农业科学院 SCI 高发文期刊 TOP10 见表 1-4。

表 1-4　2011—2020 年甘肃省农业科学院 SCI 高发文期刊 TOP10

排序	期刊名称	发文量（篇）	WOS 所有数据库总被引频次	WOS 核心库被引频次	期刊影响因子（最近年度）
1	JOURNAL OF INTEGRATIVE AGRICULTURE	11	15	14	2.848（2020）
2	FIELD CROPS RESEARCH	9	120	85	4.192（2020）
3	PLANT AND SOIL	9	113	81	5.224（2020）
4	AGRICULTURAL WATER MANAGEMENT	8	53	50	4.438（2020）
5	PLANT DISEASE	8	15	14	4.516（2020）
6	SCIENTIA HORTICULTURAE	7	41	38	3.24（2020）
7	PLOS ONE	7	21	17	3.463（2020）
8	MITOCHONDRIAL DNA PART B-RESOURCES	7	2	2	0.658（2020）
9	JOURNAL OF AGRICULTURAL AND FOOD CHEMISTRY	6	20	18	5.279（2020）

（续表）

排序	期刊名称	发文量（篇）	WOS 所有数据库总被引频次	WOS 核心库被引频次	期刊影响因子（最近年度）
10	JOURNAL OF ANIMAL SCIENCE	6	12	10	4.379（2020）

1.5 合作发文国家与地区 TOP10

2011—2020 年甘肃省农业科学院 SCI 合作发文国家与地区（合作发文 1 篇以上）TOP10 见表 1-5。

表 1-5　2011—2020 年甘肃省农业科学院 SCI 合作发文国家与地区 TOP10

排序	国家与地区	合作发文量（篇）	WOS 所有数据库总被引频次	WOS 核心库被引频次
1	美国	34	118	105
2	澳大利亚	17	96	83
3	加拿大	13	52	49
4	荷兰	7	108	85
5	西班牙	6	90	82
6	英格兰	6	15	10
7	北爱尔兰	5	145	99
8	新加坡	4	5	5
9	日本	3	4	1
10	丹麦	2	6	4

1.6 合作发文机构 TOP10

2011—2020 年甘肃省农业科学院 SCI 合作发文机构 TOP10 见表 1-6。

表 1-6　2011—2020 年甘肃省农业科学院 SCI 合作发文机构 TOP10

排序	合作发文机构	发文量（篇）	WOS 所有数据库总被引频次	WOS 核心库被引频次
1	甘肃农业大学	70	92	77
2	中国农业科学院	63	274	243
3	兰州大学	40	156	137
4	中国农业大学	34	346	253

（续表）

排序	合作发文机构	发文量（篇）	WOS 所有数据库总被引频次	WOS 核心库被引频次
5	西北农林科技大学	16	10	9
6	兰州理工大学	13	9	8
7	中国科学院	12	69	57
8	四川省农业科学院	7	62	59
9	瓦格宁根大学	6	104	81
10	西澳大利亚大学	6	12	9

1.7 高频词 TOP20

2011—2020 年甘肃省农业科学院 SCI 发文高频词（作者关键词）TOP20 见表 1-7。

表 1-7　2011—2020 年甘肃省农业科学院 SCI 发文高频词（作者关键词）TOP20

排序	关键词（作者关键词）	频次	排序	关键词（作者关键词）	频次
1	intercropping	11	11	Triticum aestivum	4
2	maize	9	12	Cucurbitaceae	3
3	phosphorus	6	13	Root distribution	3
4	Potato	6	14	lambs	3
5	QTL	5	15	structure-activity relationship	3
6	yield	5	16	interspecific interactions	3
7	Root length density	5	17	Genotype	3
8	Inclusion complex	5	18	Stripe rust	3
9	wheat	4	19	Alpine meadow	3
10	drought tolerance	4	20	Antifungal activity	3

2　中文期刊论文分析

2011—2020 年，甘肃省农业科学院作者共发表北大中文核心期刊论文 1 737篇，中国科学引文数据库（CSCD）期刊论文 1 350篇。

2.1 发文量

2011—2020年甘肃省农业科学院中文文献历年发文趋势（2011—2020年）见图2-1。

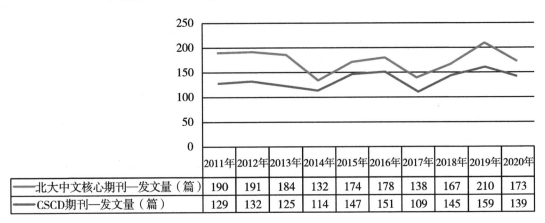

	2011年	2012年	2013年	2014年	2015年	2016年	2017年	2018年	2019年	2020年
北大中文核心期刊—发文量（篇）	190	191	184	132	174	178	138	167	210	173
CSCD期刊—发文量（篇）	129	132	125	114	147	151	109	145	159	139

图2-1　甘肃省农业科学院中文文献历年发文趋势（2011—2020年）

2.2 高发文研究所TOP10

2011—2020年甘肃省农业科学院北大中文核心期刊高发文研究所TOP10见表2-1，2011—2020年甘肃省农业科学院中国科学引文数据库（CSCD）期刊高发文研究所TOP10见表2-2。

表2-1　2011—2020年甘肃省农业科学院北大中文核心期刊高发文研究所TOP10　单位：篇

排序	研究所	发文量
1	甘肃省农业科学院植物保护研究所	256
2	甘肃省农业科学院旱地农业研究所	238
3	甘肃省农业科学院土壤肥料与节水农业研究所	204
4	甘肃省农业科学院林果花卉研究所	165
5	甘肃省农业科学院	158
6	甘肃省农业科学院作物研究所	156
7	甘肃省农业科学院蔬菜研究所	153
8	甘肃省农业科学院农产品贮藏加工研究所	117
9	甘肃省农业科学院生物技术研究所	115
10	甘肃省农业科学院畜草与绿化农业研究所	105
11	甘肃省农业科学院小麦研究所	60

注："甘肃省农业科学院"发文包括作者单位只标注为"甘肃省农业科学院"、院属实验室等。

表2-2　2011—2020年甘肃省农业科学院CSCD期刊高发文研究所TOP10　　单位：篇

排序	研究所	发文量
1	甘肃省农业科学院植物保护研究所	221
2	甘肃省农业科学院旱地农业研究所	206
3	甘肃省农业科学院土壤肥料与节水农业研究所	183
4	甘肃省农业科学院作物研究所	144
5	甘肃省农业科学院	132
6	甘肃省农业科学院林果花卉研究所	114
7	甘肃省农业科学院生物技术研究所	107
8	甘肃省农业科学院蔬菜研究所	76
9	甘肃省农业科学院畜草与绿化农业研究所	75
10	甘肃省农业科学院小麦研究所	57
11	甘肃省农业科学院农产品贮藏加工研究所	55

注："甘肃省农业科学院"发文包括作者单位只标注为"甘肃省农业科学院"、院属实验室等。

2.3　高发文期刊TOP10

2011—2020年甘肃省农业科学院高发文北大中文核心期刊TOP10见表2-3，2011—2020年甘肃省农业科学院高发文CSCD期刊TOP10见表2-4。

表2-3　2011—2020年甘肃省农业科学院高发文期刊（北大中文核心）TOP10　　单位：篇

排序	期刊名称	发文量	排序	期刊名称	发文量
1	干旱地区农业研究	114	6	麦类作物学报	72
2	西北农业学报	94	7	中国蔬菜	68
3	草业学报	79	8	甘肃农业大学学报	60
4	北方园艺	78	9	核农学报	50
5	植物保护	75	10	应用生态学报	43

表2-4　2011—2020年甘肃省农业科学院高发文期刊（CSCD）TOP10　　单位：篇

排序	期刊名称	发文量	排序	期刊名称	发文量
1	干旱地区农业研究	111	6	甘肃农业大学学报	59
2	西北农业学报	92	7	核农学报	49
3	草业学报	76	8	应用生态学报	43
4	植物保护	73	9	作物学报	36
5	麦类作物学报	70	10	中国农业科学	35

2.4 合作发文机构 TOP10

2011—2020 年甘肃省农业科学院北大中文核心期刊合作发文机构 TOP10 见表 2-5，2011—2020 年甘肃省农业科学院 CSCD 期刊合作发文机构 TOP10 见表 2-6。

表 2-5 2011—2020 年甘肃省农业科学院北大中文核心期刊合作发文机构 TOP10　单位：篇

排序	合作发文机构	发文量	排序	合作发文机构	发文量
1	甘肃农业大学	438	6	中国科学院	17
2	中国农业科学院	125	7	兰州大学	16
3	西北农林科技大学	40	8	河北省农林科学院	14
4	天水市农业科学研究所	40	9	西北师范大学	13
5	中国农业大学	33	10	西南科技大学	12

表 2-6 2011—2020 年甘肃省农业科学院 CSCD 期刊合作发文机构 TOP10　单位：篇

排序	合作发文机构	发文量	排序	合作发文机构	发文量
1	甘肃农业大学	402	6	兰州大学	21
2	中国农业科学院	111	7	中国科学院	17
3	西北农林科技大学	40	8	西北师范大学	13
4	天水市农业科学研究所	40	9	西南科技大学	10
5	中国农业大学	34	10	河北省农林科学院	9

广东省农业科学院

1 英文期刊论文分析

分析数据来源于科学引文索引数据库（Web of Science，WOS）收录文献类型为期刊论文（ARTICLE）、会议论文（PROCEEDINGS PAPER）和述评（REVIEW）的 Science Citation Index Expanded（SCIE）论文数据，数据时间范围为 2011—2020 年，共检索到广东省农业科学院作者发表的论文 2 558 篇。

1.1 发文量

2011—2020 年广东省农业科学院历年 SCI 发文与被引情况见表 1-1，广东省农业科学院英文文献历年发文趋势（2011—2020 年）见图 1-1。

表 1-1　2011—2020 年广东省农业科学院历年 SCI 发文与被引情况

出版年	发文量（篇）	WOS 所有数据库总被引频次	WOS 核心库被引频次
2011 年	107	1 495	1 286
2012 年	135	2 007	1 676
2013 年	171	2 047	1 757
2014 年	199	1 587	1 383
2015 年	224	1 555	1 379
2016 年	245	981	888
2017 年	267	1 108	989
2018 年	292	291	276
2019 年	418	81	80
2020 年	500	176	173

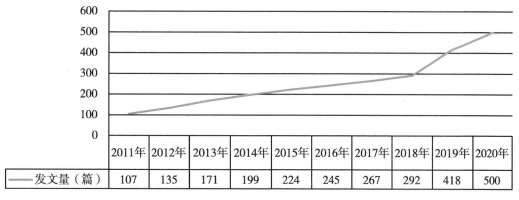

图 1-1　广东省农业科学院英文文献历年发文趋势（2011—2020 年）

1.2 发文期刊 JCR 分区

2011—2020 年广东省农业科学院 SCI 发文期刊 WOSJCR 分区情况见表 1-2，广东省农业科学院 SCI 发文期刊 WOSJCR 分区趋势（2011—2020 年）见图 1-2。

表 1-2   2011—2020 年广东省农业科学院 SCI 发文期刊 WOSJCR 分区情况

排序	出版年	Q1 区发文量（篇）	Q2 区发文量（篇）	Q3 区发文量（篇）	Q4 区发文量（篇）	其他发文量（篇）
1	2011 年	27	35	18	4	23
2	2012 年	45	36	23	24	7
3	2013 年	58	47	28	27	11
4	2014 年	68	55	40	23	13
5	2015 年	82	61	42	32	7
6	2016 年	107	64	46	20	8
7	2017 年	137	67	39	19	5
8	2018 年	130	93	41	23	5
9	2019 年	187	128	55	46	2
10	2020 年	274	152	44	27	3

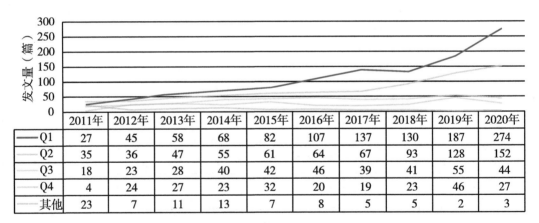

	2011年	2012年	2013年	2014年	2015年	2016年	2017年	2018年	2019年	2020年
Q1	27	45	58	68	82	107	137	130	187	274
Q2	35	36	47	55	61	64	67	93	128	152
Q3	18	23	28	40	42	46	39	41	55	44
Q4	4	24	27	23	32	20	19	23	46	27
其他	23	7	11	13	7	8	5	5	2	3

图 1-2   广东省农业科学院 SCI 发文期刊 WOSJCR 分区趋势（2011—2020 年）

1.3 高发文研究所 TOP10

2011—2020 年广东省农业科学院 SCI 高发文研究所 TOP10 见表 1-3。

表 1-3   2011—2020 年广东省农业科学院 SCI 高发文研究所 TOP10   单位：篇

排序	研究所	发文量
1	广东省农业科学院作物研究所	521

（续表）

排序	研究所	发文量
2	广东省农业科学院动物科学研究所	492
3	广东省农业科学院蚕业与农产品加工研究所	342
4	广东省农业科学院农业资源与环境研究所	241
5	广东省农业科学院植物保护研究所	234
6	广东省农业科学院果树研究所	179
7	广东省农业科学院动物卫生研究所	155
8	广东省农业科学院水稻研究所	115
9	广东省农业科学院农业生物基因研究中心	102
10	广东省农业科学院蔬菜研究所	99

1.4　高发文期刊 TOP10

2011—2020 年广东省农业科学院 SCI 高发文期刊 TOP10 见表 1-4。

表 1-4　2011—2020 年广东省农业科学院 SCI 高发文期刊 TOP10

排序	期刊名称	发文量（篇）	WOS 所有数据库总被引频次	WOS 核心库被引频次	期刊影响因子（最近年度）
1	PLOS ONE	80	939	816	3.24（2020）
2	POULTRY SCIENCE	64	132	119	3.352（2020）
3	SCIENTIFIC REPORTS	62	178	162	4.379（2020）
4	INTERNATIONAL JOURNAL OF MOLECULAR SCIENCES	58	140	132	5.923（2020）
5	FOOD CHEMISTRY	43	467	389	7.514（2020）
6	FRONTIERS IN PLANT SCIENCE	41	98	88	5.753（2020）
7	JOURNAL OF AGRICULTURAL AND FOOD CHEMISTRY	40	286	256	5.279（2020）
8	FRONTIERS IN MICROBIOLOGY	34	46	41	5.64（2020）
9	BMC GENOMICS	33	320	308	3.969（2020）
10	JOURNAL OF INTEGRATIVE AGRICULTURE	33	67	51	2.848（2020）

1.5　合作发文国家与地区 TOP10

2011—2020 年广东省农业科学院 SCI 合作发文国家与地区（合作发文 1 篇以上）TOP10 见表 1-5。

表 1-5 2011—2020 年广东省农业科学院 SCI 合作发文国家与地区 TOP10

排序	国家与地区	合作发文量（篇）	WOS 所有数据库总被引频次	WOS 核心库被引频次
1	美国	290	2 137	1 896
2	巴基斯坦	65	148	135
3	澳大利亚	54	378	348
4	埃及	51	38	36
5	加拿大	28	221	192
6	德国	26	122	117
7	印度	22	222	199
8	菲律宾	19	205	164
9	英格兰	19	80	70
10	新西兰	17	61	60

1.6 合作发文机构 TOP10

2011—2020 年广东省农业科学院 SCI 合作发文机构 TOP10 见表 1-6。

表 1-6 2011—2020 年广东省农业科学院 SCI 合作发文机构 TOP10

排序	合作发文机构	发文量（篇）	WOS 所有数据库总被引频次	WOS 核心库被引频次
1	中国科学院	207	4.92%	1677
2	华南理工大学	127	3.02%	90
3	华中农业大学	115	2.73%	805
4	华南农业大学	94	2.23%	1384
5	中国农业科学院	90	2.14%	420
6	中山大学	89	2.11%	530
7	中国科学院大学	75	1.78%	536
8	暨南大学	60	1.43%	199
9	西南大学	50	1.19%	594
10	浙江大学	43	1.02%	246

1.7 高频词 TOP20

2011—2020 年广东省农业科学院 SCI 发文高频词（作者关键词）TOP20 见表 1-7。

表1-7 2011—2020年广东省农业科学院SCI发文高频词（作者关键词）TOP20

排序	关键词（作者关键词）	频次	排序	关键词（作者关键词）	频次
1	chicken	67	11	Phylogenetic analysis	24
2	Rice	55	12	transcriptome	24
3	antioxidant activity	49	13	China	23
4	gene expression	41	14	apoptosis	22
5	Pig	27	15	banana	20
6	growth	26	16	Proliferation	20
7	growth performance	26	17	photosynthesis	20
8	genetic diversity	25	18	RNA-seq	19
9	yield	25	19	Tea	18
10	phenolics	25	20	resistance	16

2 中文期刊论文分析

2011—2020年，广东省农业科学院作者共发表北大中文核心期刊论文3 913篇，中国科学引文数据库（CSCD）期刊论文2 673篇。

2.1 发文量

2011—2020年广东省农业科学院中文文献历年发文趋势（2011—2020年）见图2-1。

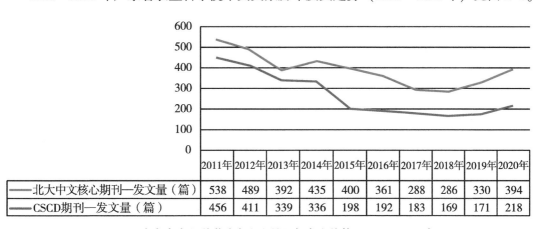

	2011年	2012年	2013年	2014年	2015年	2016年	2017年	2018年	2019年	2020年
北大中文核心期刊—发文量（篇）	538	489	392	435	400	361	288	286	330	394
CSCD期刊—发文量（篇）	456	411	339	336	198	192	183	169	171	218

图2-1 广东省农业科学院中文文献历年发文趋势（2011—2020年）

2.2 高发文研究所TOP10

2011—2020年广东省农业科学院北大中文核心期刊高发文研究所TOP10见表2-1，

2011—2020 年广东省农业科学院中国科学引文数据库（CSCD）期刊高发文研究所 TOP10 见表 2-2。

表 2-1　2011—2020 年广东省农业科学院北大中文核心期刊高发文研究所 TOP10　单位：篇

排序	研究所	发文量
1	广东省农业科学院蚕业与农产品加工研究所	634
2	广东省农业科学院果树研究所	548
3	广东省农业科学院植物保护研究所	487
4	广东省农业科学院动物科学研究所	376
5	广东省农业科学院农业经济与农村发展研究所	359
6	广东省农业科学院农业资源与环境研究所	259
7	广东省农业科学院动物卫生研究所	246
8	广东省农业科学院作物研究所	229
9	广东省农业科学院水稻研究所	214
10	广东省农业科学院	197
11	广东省农业科学院蔬菜研究所	181

注："广东省农业科学院"发文包括作者单位只标注为"广东省农业科学院"、院属实验室等。

表 2-2　2011—2020 年广东省农业科学院 CSCD 期刊高发文研究所 TOP10　单位：篇

排序	研究所	发文量
1	广东省农业科学院植物保护研究所	435
2	广东省农业科学院蚕业与农产品加工研究所	428
3	广东省农业科学院果树研究所	234
4	广东省农业科学院农业资源与环境研究所	228
5	广东省农业科学院农业经济与农村发展研究所	225
6	广东省农业科学院动物科学研究所	207
7	广东省农业科学院水稻研究所	180
8	广东省农业科学院作物研究所	170
9	广东省农业科学院蔬菜研究所	149
10	广东省农业科学院动物卫生研究所	147

2.3 高发文期刊 TOP10

2011—2020 年广东省农业科学院高发文北大中文核心期刊 TOP10 见表 2-3，2011—2020 年广东省农业科学院高发文 CSCD 期刊 TOP10 见表 2-4。

表 2-3 2011—2020 年广东省农业科学院高发文期刊（北大中文核心）TOP10　单位：篇

排序	期刊名称	发文量	排序	期刊名称	发文量
1	广东农业科学	971	6	蚕业科学	96
2	热带作物学报	153	7	分子植物育种	88
3	动物营养学报	123	8	环境昆虫学报	74
4	园艺学报	99	9	食品科学	70
5	现代食品科技	98	10	中国农学通报	67

表 2-4 2011—2020 年广东省农业科学院高发文期刊（CSCD）TOP10　单位：篇

排序	期刊名称	发文量	排序	期刊名称	发文量
1	广东农业科学	624	6	中国农学通报	76
2	热带作物学报	161	7	环境昆虫学报	74
3	动物营养学报	125	8	食品科学	68
4	蚕业科学	104	9	分子植物育种	67
5	园艺学报	77	10	中国农业科学	56

2.4 合作发文机构 TOP10

2011—2020 年广东省农业科学院北大中文核心期刊合作发文机构 TOP10 见表 2-5，2011—2020 年广东省农业科学院 CSCD 期刊合作发文机构 TOP10 见表 2-6。

表 2-5 2011—2020 年广东省农业科学院北大中文核心期刊合作发文机构 TOP10　单位：篇

排序	合作发文机构	发文量	排序	合作发文机构	发文量
1	华南农业大学	509	6	华南师范大学	54
2	中国热带农业科学院	293	7	江西农业大学	53
3	华中农业大学	120	8	中国科学院	38
4	海南大学	109	9	仲恺农业工程学院	37
5	中国农业科学院	69	10	湖南农业大学	36

表 2-6　2011—2020 年广东省农业科学院 CSCD 期刊合作发文机构 TOP10　　　　单位：篇

排序	合作发文机构	发文量	排序	合作发文机构	发文量
1	华南农业大学	388	6	暨南大学	34
2	华中农业大学	75	7	湖南农业大学	33
3	中国农业科学院	54	8	南京农业大学	30
4	华南师范大学	38	9	江西农业大学	29
5	中国热带农业科学院	36	10	仲恺农业工程学院	28

广西农业科学院

1 英文期刊论文分析

分析数据来源于科学引文索引数据库（Web of Science，WOS）收录文献类型为期刊论文（ARTICLE）、会议论文（PROCEEDINGS PAPER）和述评（REVIEW）的 Science Citation Index Expanded（SCIE）论文数据，数据时间范围为 2011—2020 年，共检索到广西农业科学院作者发表的论文 605 篇。

1.1 发文量

2011—2020 年广西农业科学院历年 SCI 发文与被引情况见表 1-1，广西农业科学院英文文献历年发文趋势（2011—2020 年）见图 1-1。

表 1-1　2011—2020 年广西农业科学院历年 SCI 发文与被引情况

出版年	发文量（篇）	WOS 所有数据库总被引频次	WOS 核心库被引频次
2011 年	22	330	279
2012 年	31	480	371
2013 年	30	324	261
2014 年	29	235	194
2015 年	62	391	335
2016 年	44	114	105
2017 年	70	267	242
2018 年	65	71	66
2019 年	117	19	19
2020 年	135	59	58

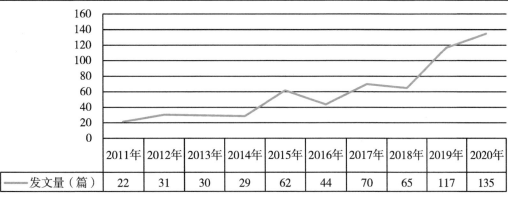

图 1-1　广西农业科学院英文文献历年发文趋势（2011—2020 年）

1.2 发文期刊 JCR 分区

2011—2020 年广西农业科学院 SCI 发文期刊 WOSJCR 分区情况见表 1-2，广西农业科学院 SCI 发文期刊 WOSJCR 分区趋势（2011—2020 年）见图 1-2。

表 1-2 2011—2020 年广西农业科学院 SCI 发文期刊 WOSJCR 分区情况

排序	出版年	Q1 区发文量（篇）	Q2 区发文量（篇）	Q3 区发文量（篇）	Q4 区发文量（篇）	其他发文量（篇）
1	2011 年	5	5	4	4	4
2	2012 年	7	10	5	3	6
3	2013 年	7	11	6	4	2
4	2014 年	9	6	9	4	1
5	2015 年	19	10	17	10	6
6	2016 年	14	11	15	4	0
7	2017 年	30	14	19	7	0
8	2018 年	29	15	14	4	3
9	2019 年	38	35	25	18	1
10	2020 年	76	26	15	18	0

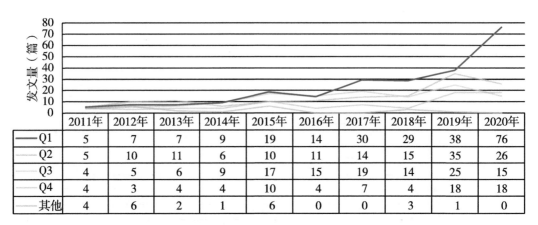

	2011年	2012年	2013年	2014年	2015年	2016年	2017年	2018年	2019年	2020年
Q1	5	7	7	9	19	14	30	29	38	76
Q2	5	10	11	6	10	11	14	15	35	26
Q3	4	5	6	9	17	15	19	14	25	15
Q4	4	3	4	4	10	4	7	4	18	18
其他	4	6	2	1	6	0	0	3	1	0

图 1-2 广西农业科学院 SCI 发文期刊 WOSJCR 分区趋势（2011—2020 年）

1.3 高发文研究所 TOP10

2011—2020 年广西农业科学院 SCI 高发文研究所 TOP10 见表 1-3。

表 1-3 2011—2020 年广西农业科学院 SCI 高发文研究所 TOP10　　　　单位：篇

排序	研究所	发文量
1	广西农业科学院甘蔗研究所	126

（续表）

排序	研究所	发文量
2	广西作物遗传改良生物技术重点开放实验室	121
3	广西农业科学院经济作物研究所	63
4	广西农业科学院农产品加工研究所	55
5	广西农业科学院植物保护研究所	54
6	广西农业科学院水稻研究所	47
6	广西农业科学院生物技术研究所	47
7	广西农业科学院农业资源与环境研究所	28
8	广西农业科学院葡萄与葡萄酒研究所	20
9	广西壮族自治区亚热带作物研究所	17
10	广西农业科学院园艺研究所	14

1.4 高发文期刊 TOP10

2011—2020 年广西农业科学院 SCI 高发文期刊 TOP10 见表 1-4。

表 1-4　2011—2020 年广西农业科学院 SCI 高发文期刊 TOP10

排序	期刊名称	发文量（篇）	WOS 所有数据库总被引频次	WOS 核心库被引频次	期刊影响因子（最近年度）
1	SUGAR TECH	57	183	147	1.591（2020）
2	PLOS ONE	21	85	75	3.24（2020）
3	Scientific Reports	20	48	45	4.379（2020）
4	FRONTIERS IN PLANT SCIENCE	19	48	46	5.753（2020）
5	INTERNATIONAL JOURNAL OF MOLECULAR SCIENCES	11	11	9	5.923（2020）
6	BMC GENOMICS	10	61	55	3.969（2020）
7	FRONTIERS IN MICROBIOLOGY	10	16	16	5.64（2020）
8	SCIENTIA HORTICULTURAE	8	51	42	3.463（2020）
9	JOURNAL OF INTEGRATIVE AGRICULTURE	8	31	21	2.848（2020）
10	BMC PLANT BIOLOGY	8	10	10	4.215（2020）

1.5 合作发文国家与地区 TOP10

2011—2020 年广西农业科学院 SCI 合作发文国家与地区（合作发文 1 篇以上）TOP10

见表 1-5。

表 1-5　2011—2020 年广西农业科学院 SCI 合作发文国家与地区 TOP10

排序	国家与地区	合作发文量（篇）	WOS 所有数据库总被引频次	WOS 核心库被引频次
1	美国	40	181	162
2	澳大利亚	23	89	85
3	马来西亚	12	71	66
4	印度	12	69	67
5	埃及	12	10	10
6	土耳其	10	9	9
7	巴基斯坦	10	4	4
8	加拿大	8	45	41
9	以色列	8	3	3
10	捷克共和国	7	56	51

1.6　合作发文机构 TOP10

2011—2020 年广西农业科学院 SCI 合作发文机构 TOP10 见表 1-6。

表 1-6　2011—2020 年广西农业科学院 SCI 合作发文机构 TOP10

排序	合作发文机构	发文量（篇）	WOS 所有数据库总被引频次	WOS 核心库被引频次
1	广西大学	193	798	639
2	中国农业科学院	134	411	339
3	中国科学院	52	141	132
4	中国农业大学	38	200	188
5	华南农业大学	32	53	47
6	上海交通大学	25	56	54
7	福建农林大学	18	150	108
8	湖南农业大学	18	90	81
9	中国热带农业科学院	18	66	48
10	中国科学院大学	17	32	31

1.7　高频词 TOP20

2011—2020 年广西农业科学院 SCI 发文高频词（作者关键词）TOP20 见表 1-7。

表1-7 2011—2020年广西农业科学院SCI发文高频词（作者关键词）TOP20

排序	关键词（作者关键词）	频次	排序	关键词（作者关键词）	频次
1	Sugarcane	69	11	Reactive oxygen species	7
2	Gene expression	18	12	grapevine	7
3	Transcriptome	18	13	Oxidative stress	7
4	Peanut	12	14	Abiotic stress	6
5	Plasmopara viticola	10	15	Abscisic acid	6
6	Genetic diversity	10	16	Downy mildew	6
7	rice	9	17	China	6
8	Nitric oxide	9	18	Vinasse	5
9	banana	9	19	soybean	5
10	photosynthesis	7	20	biological control	5

2 中文期刊论文分析

2011—2020年，广西农业科学院作者共发表北大中文核心期刊论文2 725篇，中国科学引文数据库（CSCD）期刊论文1 919篇。

2.1 发文量

2011—2020年广西农业科学院中文文献历年发文趋势（2011—2020年）见图2-1。

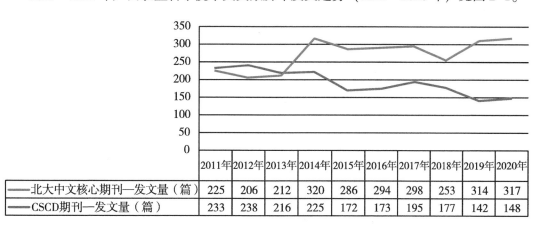

	2011年	2012年	2013年	2014年	2015年	2016年	2017年	2018年	2019年	2020年
北大中文核心期刊—发文量（篇）	225	206	212	320	286	294	298	253	314	317
CSCD期刊—发文量（篇）	233	238	216	225	172	173	195	177	142	148

图2-1 广西农业科学院中文文献历年发文趋势（2011—2020年）

2.2 高发文研究所TOP10

2011—2020年广西农业科学院北大中文核心期刊高发文研究所TOP10见表2-1，

2011—2020 年广西农业科学院中国科学引文数据库（CSCD）期刊高发文研究所 TOP10 见表 2-2。

表 2-1　2011—2020 年广西农业科学院北大中文核心期刊高发文研究所 TOP10　　单位：篇

排序	研究所	发文量
1	广西农业科学院甘蔗研究所	490
2	广西作物遗传改良生物技术重点开放实验室	298
3	广西农业科学院植物保护研究所	255
4	广西农业科学院农业资源与环境研究所	251
5	广西农业科学院经济作物研究所	232
6	广西农业科学院水稻研究所	204
7	广西农业科学院园艺研究所	202
8	广西农业科学院	160
9	广西农业科学院农产品加工研究所	159
10	广西农业科学院生物技术研究所	145
11	广西农业科学院微生物研究所	142

注："广西农业科学院"发文包括作者单位只标注为"广西农业科学院"、院属实验室等。

表 2-2　2011—2020 年广西农业科学院 CSCD 期刊高发文研究所 TOP10　　单位：篇

排序	研究所	发文量
1	广西农业科学院甘蔗研究所	259
2	广西农业科学院植物保护研究所	219
3	广西农业科学院经济作物研究所	198
4	广西农业科学院水稻研究所	197
5	广西农业科学院农业资源与环境研究所	168
6	广西农业科学院微生物研究所	140
7	广西农业科学院园艺研究所	136
8	广西作物遗传改良生物技术重点开放实验室	108
9	广西农业科学院农产品加工研究所	101
10	广西农业科学院玉米研究所	99

2.3 高发文期刊 TOP10

2011—2020 年广西农业科学院高发文北大中文核心期刊 TOP10 见表 2-3，2011—2020 年广西农业科学院高发文 CSCD 期刊 TOP10 见表 2-4。

表 2-3 2011—2020 年广西农业科学院高发文期刊（北大中文核心）TOP10　　单位：篇

排序	期刊名称	发文量	排序	期刊名称	发文量
1	南方农业学报	493	6	北方园艺	73
2	西南农业学报	365	7	种子	69
3	中国南方果树	110	8	安徽农业科学	58
4	广东农业科学	106	9	中国蔬菜	57
5	热带作物学报	100	10	江苏农业科学	52

表 2-4 2011—2020 年广西农业科学院高发文期刊（CSCD）TOP10　　单位：篇

排序	期刊名称	发文量	排序	期刊名称	发文量
1	南方农业学报	744	6	植物遗传资源学报	34
2	西南农业学报	323	7	分子植物育种	33
3	热带作物学报	100	8	食品工业科技	25
4	广东农业科学	73	9	广西植物	23
5	中国农学通报	46	10	植物保护	23

2.4 合作发文机构 TOP10

2011—2020 年广西农业科学院北大中文核心期刊合作发文机构 TOP10 见表 2-5，2011—2020 年广西农业科学院 CSCD 期刊合作发文机构 TOP10 见表 2-6。

表 2-5 2011—2020 年广西农业科学院北大中文核心期刊合作发文机构 TOP10　　单位：篇

排序	合作发文机构	发文量	排序	合作发文机构	发文量
1	广西大学	608	6	湖南农业大学	25
2	中国农业科学院	219	7	中国热带农业科学院	24
3	广西科学院	83	8	广西农业职业技术学院	22
4	华南农业大学	74	9	广西特色作物研究院	22
5	中国科学院	40	10	玉林师范学院	15

表 2-6　2011—2020 年广西农业科学院 CSCD 期刊合作发文机构 TOP10　　　　单位：篇

排序	合作发文机构	发文量	排序	合作发文机构	发文量
1	广西大学	417	6	广西农业职业技术学院	18
2	中国农业科学院	183	7	湖南农业大学	16
3	中国科学院	29	8	南阳师范学院	15
4	中国热带农业科学院	23	9	广西特色作物研究院	15
5	华南农业大学	23	10	中国农业大学	14

贵州省农业科学院

1 英文期刊论文分析

分析数据来源于科学引文索引数据库（Web of Science，WOS）收录文献类型为期刊论文（ARTICLE）、会议论文（PROCEEDINGS PAPER）和述评（REVIEW）的 Science Citation Index Expanded（SCIE）论文数据，数据时间范围为 2011—2020 年，共检索到贵州省农业科学院作者发表的论文 431 篇。

1.1 发文量

2011—2020 年贵州省农业科学院历年 SCI 发文与被引情况见表 1-1，贵州省农业科学院英文文献历年发文趋势（2011—2020 年）见图 1-1。

表 1-1 2011—2020 年贵州省农业科学院历年 SCI 发文与被引情况

出版年	发文量（篇）	WOS 所有数据库总被引频次	WOS 核心库被引频次
2011 年	7	128	112
2012 年	7	105	84
2013 年	16	653	595
2014 年	18	237	219
2015 年	29	885	875
2016 年	55	435	424
2017 年	52	461	444
2018 年	72	155	148
2019 年	91	17	17
2020 年	84	55	54

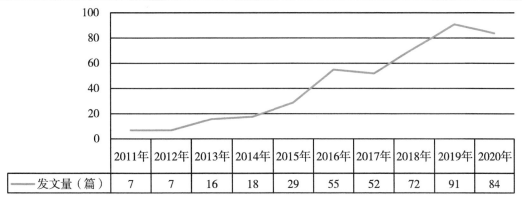

图 1-1 贵州省农业科学院英文文献历年发文趋势（2011—2020 年）

1.2　发文期刊 JCR 分区

2011—2020 年贵州省农业科学院 SCI 发文期刊 WOSJCR 分区情况见表 1-2，贵州省农业科学院 SCI 发文期刊 WOSJCR 分区趋势（2011—2020 年）见图 1-2。

表 1-2　2011—2020 年贵州省农业科学院 SCI 发文期刊 WOSJCR 分区情况

排序	出版年	Q1 区发文量（篇）	Q2 区发文量（篇）	Q3 区发文量（篇）	Q4 区发文量（篇）	其他发文量（篇）
1	2011 年	2	0	3	1	1
2	2012 年	2	0	0	4	1
3	2013 年	7	3	4	2	0
4	2014 年	6	4	8	0	0
5	2015 年	10	4	5	7	3
6	2016 年	13	4	27	11	0
7	2017 年	19	11	15	5	2
8	2018 年	24	13	24	11	0
9	2019 年	28	18	31	13	1
10	2020 年	36	23	16	7	2

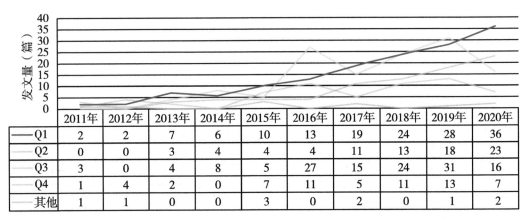

	2011年	2012年	2013年	2014年	2015年	2016年	2017年	2018年	2019年	2020年
Q1	2	2	7	6	10	13	19	24	28	36
Q2	0	0	3	4	4	4	11	13	18	23
Q3	3	0	4	8	5	27	15	24	31	16
Q4	1	4	2	0	7	11	5	11	13	7
其他	1	1	0	0	3	0	2	0	1	2

图 1-2　贵州省农业科学院 SCI 发文期刊 WOSJCR 分区趋势（2011—2020 年）

1.3　高发文研究所 TOP10

2011—2020 年贵州省农业科学院 SCI 高发文研究所 TOP10 见表 1-3。

表 1-3　2011—2020 年贵州省农业科学院 SCI 高发文研究所 TOP10　　　　单位：篇

排序	研究所	发文量
1	贵州省农业生物技术研究所	170

（续表）

排序	研究所	发文量
2	贵州省植物保护研究所	46
3	贵州省草业研究所	23
4	贵州省茶叶研究所	21
5	贵州省油菜研究所	20
6	贵州省旱粮研究所	19
7	贵州省农业科学院果树科学（柑橘/火龙果）研究所	13
8	贵州省园艺研究所	12
9	贵州省水稻研究所	5
10	贵州省农作物品种资源研究所（贵州省现代中药材研究所）	3
10	贵州省亚热带作物（生物质能源）研究所	3
10	贵州省油料（香料）研究所	3

1.4 高发文期刊 TOP10

2011—2020 年贵州省农业科学院 SCI 高发文期刊 TOP10 见表 1-4。

表 1-4 2011—2020 年贵州省农业科学院 SCI 高发文期刊 TOP10

排序	期刊名称	发文量（篇）	WOS 所有数据库总被引频次	WOS 核心库被引频次	期刊影响因子（最近年度）
1	PHYTOTAXA	41	108	105	1.171（2020）
2	FUNGAL DIVERSITY	36	1 945	1 895	20.372（2020）
3	MYCOSPHERE	33	130	130	4.211（2020）
4	PLOS ONE	13	119	107	3.24（2020）
5	MYCOLOGICAL PROGRESS	13	60	57	2.847（2020）
6	INTERNATIONAL JOURNAL OF MOLECULAR SCIENCES	13	20	17	5.923（2020）
7	CRYPTOGAMIE MYCOLOGIE	10	120	110	2.231（2020）
8	SCIENTIFIC REPORTS	10	7	6	4.379（2020）
9	FRONTIERS IN PLANT SCIENCE	8	25	21	5.753（2020）
10	GENE	6	10	9	3.688（2020）

1.5 合作发文国家与地区 TOP10

2011—2020 年贵州省农业科学院 SCI 合作发文国家与地区（合作发文 1 篇以上）

TOP10 见表 1-5。

表 1-5　2011—2020 年贵州省农业科学院 SCI 合作发文国家与地区 TOP10

排序	国家与地区	合作发文量 （篇）	WOS 所有数据库 总被引频次	WOS 核心库 被引频次
1	泰国	148	2 521	2 442
2	沙特阿拉伯	65	2 051	1 991
3	印度	54	1 761	1 716
4	意大利	37	1 659	1 619
5	新西兰	36	1 613	1 573
6	美国	34	1 484	1 436
7	德国	27	1 288	1 250
8	阿曼	25	541	529
9	毛里求斯	24	761	750
10	葡萄牙	22	1 143	1 106

1.6　合作发文机构 TOP10

2011—2020 年贵州省农业科学院 SCI 合作发文机构 TOP10 见表 1-6。

表 1-6　2011—2020 年贵州省农业科学院 SCI 合作发文机构 TOP10

排序	合作发文机构	发文量 （篇）	WOS 所有数据库 总被引频次	WOS 核心库 被引频次
1	泰国皇太后大学	141	2 232	2 177
2	中国科学院	109	2 247	2 175
3	贵州大学	94	1 576	1 535
4	沙特国王大学	57	1 743	1 706
5	清迈大学	46	771	762
6	阿扎德住宅协会	35	1 210	1 195
7	印度果阿大学	33	1 274	1 258
8	北京市农林科学院	28	1 393	1 379
9	中国农业科学院	28	47	44
10	世界农用林中心	27	664	655

1.7 高频词 TOP20

2011—2020 年贵州省农业科学院 SCI 发文高频词（作者关键词）TOP20 见表 1-7。

表 1-7 2011—2020 年贵州省农业科学院 SCI 发文高频词（作者关键词）TOP20

排序	关键词（作者关键词）	频次	排序	关键词（作者关键词）	频次
1	taxonomy	86	11	Brassica napus	10
2	phylogeny	85	12	Basidiomycota	9
3	Dothideomycetes	36	13	Deltamethrin	8
4	Sordariomycetes	25	14	New genus	8
5	morphology	22	15	RNA-Seq	7
6	New species	22	16	Classification	7
7	asexual morph	16	17	Freshwater fungi	7
8	Ascomycota	15	18	2 new taxa	7
9	Pleosporales	14	19	LSU	6
10	Asexual fungi	11	20	Transcriptome	6

2 中文期刊论文分析

2011—2020 年，贵州省农业科学院作者共发表北大中文核心期刊论文 3 039篇，中国科学引文数据库（CSCD）期刊论文 1 239篇。

2.1 发文量

2011—2020 年贵州省农业科学院中文文献历年发文趋势（2011—2020 年）见图 2-1。

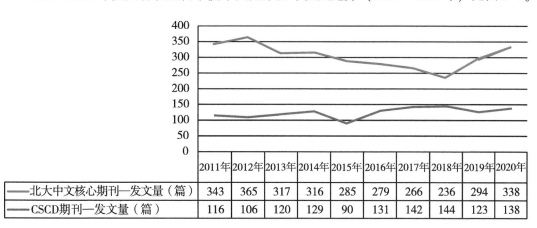

	2011年	2012年	2013年	2014年	2015年	2016年	2017年	2018年	2019年	2020年
北大中文核心期刊—发文量（篇）	343	365	317	316	285	279	266	236	294	338
CSCD期刊—发文量（篇）	116	106	120	129	90	131	142	144	123	138

图 2-1 贵州省农业科学院中文文献历年发文趋势（2011—2020 年）

2.2 高发文研究所 TOP10

2011—2020 年贵州省农业科学院北大中文核心期刊高发文研究所 TOP10 见表 2-1，2011—2020 年贵州省农业科学院中国科学引文数据库（CSCD）期刊高发文研究所 TOP10 见表 2-2。

表 2-1　2011—2020 年贵州省农业科学院北大中文核心期刊高发文研究所 TOP10　单位：篇

排序	研究所	发文量
1	贵州省农业生物技术研究所	324
2	贵州省畜牧兽医研究所	316
3	贵州省草业研究所	296
4	贵州省土壤肥料研究所	233
5	贵州省植物保护研究所	198
6	贵州省旱粮研究所	177
7	贵州省农业科学院果树科学（柑橘/火龙果）研究所	173
8	贵州省油菜研究所	164
9	贵州省水稻研究所	161
10	贵州省茶叶研究所	156

表 2-2　2011—2020 年贵州省农业科学院 CSCD 期刊高发文研究所 TOP10　单位：篇

排序	研究所	发文量
1	贵州省草业研究所	174
2	贵州省土壤肥料研究所	144
3	贵州省农业生物技术研究所	116
4	贵州省植物保护研究所	111
5	贵州省茶叶研究所	85
6	贵州省农业科学院果树科学（柑橘/火龙果）研究所	81
7	贵州省畜牧兽医研究所	75
8	贵州省旱粮研究所	70
9	贵州省亚热带作物（生物质能源）研究所	68
10	贵州省水稻研究所	67

2.3 高发文期刊 TOP10

2011—2020 年贵州省农业科学院高发文北大中文核心期刊 TOP10 见表 2-3，2011—2020 年贵州省农业科学院高发文 CSCD 期刊 TOP10 见表 2-4。

表 2-3 2011—2020 年贵州省农业科学院高发文期刊（北大中文核心）TOP10　　单位：篇

排序	期刊名称	发文量	排序	期刊名称	发文量
1	贵州农业科学	734	6	安徽农业科学	68
2	种子	330	7	湖北农业科学	56
3	西南农业学报	215	8	分子植物育种	51
4	黑龙江畜牧兽医	107	9	北方园艺	48
5	江苏农业科学	99	10	广东农业科学	46

表 2-4 2011—2020 年贵州省农业科学院高发文期刊（CSCD）TOP10　　单位：篇

排序	期刊名称	发文量	排序	期刊名称	发文量
1	西南农业学报	201	6	广东农业科学	36
2	种子	134	7	草业科学	34
3	分子植物育种	46	8	热带作物学报	31
4	南方农业学报	44	9	基因组学与应用生物学	31
5	草业学报	40	10	植物遗传资源学报	20

2.4 合作发文机构 TOP10

2011—2020 年贵州省农业科学院北大中文核心期刊合作发文机构 TOP10 见表 2-5，2011—2020 年贵州省农业科学院 CSCD 期刊合作发文机构 TOP10 见表 2-6。

表 2-5 2011—2020 年贵州省农业科学院北大中文核心期刊合作发文机构 TOP10　　单位：篇

排序	合作发文机构	发文量	排序	合作发文机构	发文量
1	贵州大学	557	7	中国科学院	25
2	西南大学	101	8	贵州省种子管理站	23
3	贵州师范大学	86	9	南京农业大学	20
4	中国农业科学院	51	10	贵州省农业委员会	17
5	四川农业大学	44	10	海南大学	17
6	中国热带农业科学院	39			

表 2-6　2011—2020 年贵州省农业科学院 CSCD 期刊合作发文机构 TOP10　　单位：篇

排序	合作发文机构	发文量	排序	合作发文机构	发文量
1	贵州大学	268	6	中国热带农业科学院	27
2	西南大学	63	7	中国科学院	16
3	贵州师范大学	48	8	南京农业大学	14
4	中国农业科学院	39	9	云南省农业科学院	13
5	四川农业大学	29	10	华中农业大学	13

海南省农业科学院

1 英文期刊论文分析

分析数据来源于科学引文索引数据库（Web of Science，WOS）收录文献类型为期刊论文（ARTICLE）、会议论文（PROCEEDINGS PAPER）和述评（REVIEW）的 Science Citation Index Expanded（SCIE）论文数据，数据时间范围为 2011—2020 年，共检索到海南省农业科学院作者发表的论文 161 篇。

1.1 发文量

2011—2020 年海南省农业科学院历年 SCI 发文与被引情况见表 1-1，海南省农业科学院英文文献历年发文趋势（2011—2020 年）见图 1-1。

表 1-1　2011—2020 年海南省农业科学院历年 SCI 发文与被引情况

出版年	发文量（篇）	WOS 所有数据库总被引频次	WOS 核心库被引频次
2011 年	8	156	125
2012 年	13	245	207
2013 年	5	82	67
2014 年	6	30	26
2015 年	15	20	17
2016 年	27	45	41
2017 年	26	83	75
2018 年	20	34	34
2019 年	23	5	5
2020 年	18	3	3

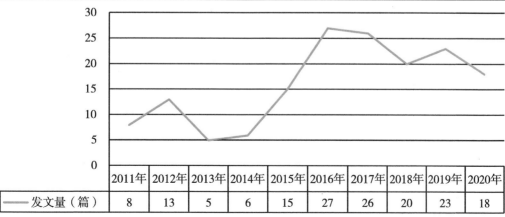

图 1-1　海南省农业科学院英文文献历年发文趋势（2011—2020 年）

1.2 发文期刊 JCR 分区

2011—2020 年海南省农业科学院 SCI 发文期刊 WOSJCR 分区情况见表 1-2，海南省农业科学院 SCI 发文期刊 WOSJCR 分区趋势（2011—2020 年）见图 1-2。

表 1-2　2011—2020 年海南省农业科学院 SCI 发文期刊 WOSJCR 分区情况

排序	出版年	Q1 区发文量（篇）	Q2 区发文量（篇）	Q3 区发文量（篇）	Q4 区发文量（篇）	其他发文量（篇）
1	2011 年	4	0	1	3	0
2	2012 年	6	4	2	1	0
3	2013 年	1	2	0	2	0
4	2014 年	0	3	1	0	2
5	2015 年	3	5	4	1	2
6	2016 年	13	3	3	3	5
7	2017 年	15	6	4	1	0
8	2018 年	8	6	2	3	1
9	2019 年	9	11	2	1	0
10	2020 年	9	7	0	2	0

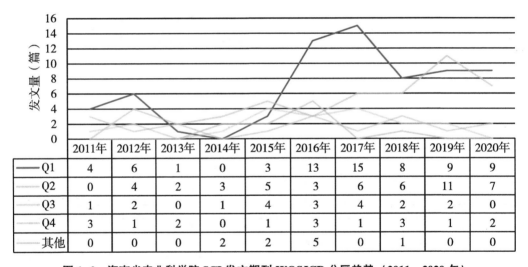

	2011年	2012年	2013年	2014年	2015年	2016年	2017年	2018年	2019年	2020年
Q1	4	6	1	0	3	13	15	8	9	9
Q2	0	4	2	3	5	3	6	6	11	7
Q3	1	2	0	1	4	3	4	2	2	0
Q4	3	1	2	0	1	3	1	3	1	2
其他	0	0	0	2	2	5	0	1	0	0

图 1-2　海南省农业科学院 SCI 发文期刊 WOSJCR 分区趋势（2011—2020 年）

1.3 高发文研究所 TOP10

2011—2020 年海南省农业科学院 SCI 高发文研究所 TOP10 见表 1-3。

表 1-3　2011—2020 年海南省农业科学院 SCI 高发文研究所 TOP10　　　　单位：篇

排序	研究所	发文量
1	海南省农业科学院畜牧兽医研究所	43

（续表）

排序	研究所	发文量
2	海南省农业科学院热带果树研究所	19
3	海南省农业科学院植物保护研究所	10
4	海南省农业科学院热带园艺研究所	7
5	海南省农业科学院粮食作物研究所	3

注：全部发文研究所数量不足10个。

1.4 高发文期刊 TOP10

2011—2020年海南省农业科学院SCI高发文期刊TOP10见表1-4。

表1-4 2011—2020年海南省农业科学院SCI高发文期刊TOP10

排序	期刊名称	发文量（篇）	WOS所有数据库总被引频次	WOS核心库被引频次	期刊影响因子（最近年度）
1	PLOS ONE	14	228	190	3.24（2020）
2	SCIENTIFIC REPORTS	11	26	26	4.379（2020）
3	JOURNAL OF AGRICULTURAL AND FOOD CHEMISTRY	4	91	73	5.279（2020）
4	ENVIRONMENTAL SCIENCE AND POLLUTION RESEARCH	4	12	9	4.223（2020）
5	PRODUCTION AND OPERATIONS MANAGEMENT	4	6	6	4.965（2020）
6	PARASITE	3	2	2	3.0（2020）
7	PROCEEDINGS OF THE NATIONAL ACADEMY OF SCIENCES OF THE UNITED STATES OF AMERICA	3	2	2	11.205（2020）
8	MANAGEMENT SCIENCE	3	4	4	4.883（2020）
9	MOLECULAR BIOLOGY REPORTS	2	24	21	2.316（2020）
10	DNA AND CELL BIOLOGY	2	9	9	3.311（2020）

1.5 合作发文国家与地区 TOP10

2011—2020年海南省农业科学院SCI合作发文国家与地区（合作发文1篇以上）

TOP10 见表 1-5。

表 1-5　2011—2020 年海南省农业科学院 SCI 合作发文国家与地区 TOP10

排序	国家与地区	合作发文量（篇）	WOS 所有数据库总被引频次	WOS 核心库被引频次
1	美国	40	259	222
2	巴基斯坦	4	20	20
3	俄罗斯	4	8	5
4	德国	4	11	10
5	新加坡	3	3	3
6	英格兰	3	4	4
7	法国	2	101	83
8	印度	2	101	83
9	巴西	2	101	83
10	荷兰	2	7	6

1.6　合作发文机构 TOP10

2011—2020 年海南省农业科学院 SCI 合作发文机构 TOP10 见表 1-6。

表 1-6　2011—2020 年海南省农业科学院 SCI 合作发文机构 TOP10

排序	合作发文机构	发文量（篇）	WOS 所有数据库总被引频次	WOS 核心库被引频次
1	中国农业科学院	26	70	61
2	华南农业大学	24	132	109
3	加州大学伯克利分校	19	50	49
4	海南大学	19	25	22
5	中国科学院	8	22	21
6	中国农业大学	5	67	56
7	浙江农林科技大学	5	5	5
8	四川农业大学	5	9	9
9	北京大学	5	2	2
10	华中农业大学	4	26	22

1.7 高频词 TOP20

2011—2020 年海南省农业科学院 SCI 发文高频词（作者关键词）TOP20 见表 1-7。

表 1-7 2011—2020 年海南省农业科学院 SCI 发文高频词（作者关键词）TOP20

排序	关键词（作者关键词）	频次	排序	关键词（作者关键词）	频次
1	Gene expression	4	11	PRRSV	2
2	Sesuvium portulacastrum	4	12	Enterocytozoon bieneusi	2
3	pig	4	13	parasitoid	2
4	genetic diversity	3	14	Skeletal muscle	2
5	promoter	3	15	Arsenic	2
6	Salt tolerance	3	16	Rice	2
7	Cadmium	3	17	fMRI	2
8	Cuminaldehyde	3	18	ITS region	2
9	Pekin duck	3	19	Circular RNA	2
10	Antioxidative enzyme	2	20	Sesame	2

2 中文期刊论文分析

2011—2020 年，海南省农业科学院作者共发表北大中文核心期刊论文 764 篇，中国科学引文数据库（CSCD）期刊论文 381 篇。

2.1 发文量

2011—2020 年海南省农业科学院中文文献历年发文趋势（2011—2020 年）见图 2-1。

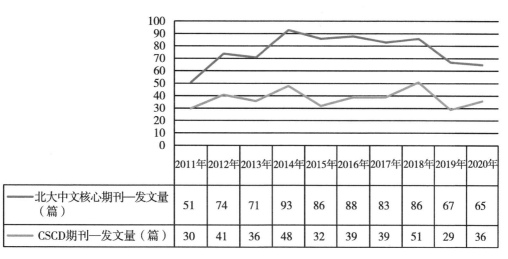

	2011年	2012年	2013年	2014年	2015年	2016年	2017年	2018年	2019年	2020年
北大中文核心期刊—发文量（篇）	51	74	71	93	86	88	83	86	67	65
CSCD期刊—发文量（篇）	30	41	36	48	32	39	39	51	29	36

图 2-1 海南省农业科学院中文文献历年发文趋势（2011—2020 年）

2.2 高发文研究所 TOP10

2011—2020 年海南省农业科学院北大中文核心期刊高发文研究所 TOP10 见表 2-1，2011—2020 年海南省农业科学院中国科学引文数据库（CSCD）期刊高发文研究所 TOP10 见表 2-2。

表 2-1　2011—2020 年海南省农业科学院北大中文核心期刊高发文研究所 TOP10　单位：篇

排序	研究所	发文量
1	海南省农业科学院畜牧兽医研究所	163
2	海南省农业科学院植物保护研究所	139
3	海南省农业科学院粮食作物研究所	104
4	海南省农业科学院蔬菜研究所	89
5	海南省农业科学院农业环境与土壤研究所	81
6	海南省农业科学院热带果树研究所	76
7	海南省农业科学院农产品加工设计研究所	65
8	海南省农业科学院热带园艺研究所	47
9	海南省农业科学院	38
10	海南省农业科学院院机关	1

注："海南省农业科学院"发文包括作者单位只标注为"海南省农业科学院"、院属实验室等。

表 2-2　2011—2020 年海南省农业科学院 CSCD 期刊高发文研究所 TOP10　单位：篇

排序	研究所	发文量
1	海南省农业科学院植物保护研究所	92
2	海南省农业科学院粮食作物研究所	86
3	海南省农业科学院蔬菜研究所	44
4	海南省农业科学院热带果树研究所	41
5	海南省农业科学院农业环境与土壤研究所	37
6	海南省农业科学院	36
7	海南省农业科学院热带园艺研究所	25
8	海南省农业科学院畜牧兽医研究所	22
9	海南省农业科学院农产品加工设计研究所	18
10	海南省农业科学院院机关	1

注："海南省农业科学院"发文包括作者单位只标注为"海南省农业科学院"、院属实验室等。

2.3 高发文期刊 TOP10

2011—2020 年海南省农业科学院高发文北大中文核心期刊 TOP10 见表 2-3，2011—2020 年海南省农业科学院高发文 CSCD 期刊 TOP10 见表 2-4。

表 2-3 2011—2020 年海南省农业科学院高发文期刊（北大中文核心）TOP10 单位：篇

排序	期刊名称	发文量	排序	期刊名称	发文量
1	广东农业科学	76	6	中国南方果树	28
2	分子植物育种	56	7	杂交水稻	27
3	黑龙江畜牧兽医	39	8	中国家禽	26
4	热带作物学报	34	9	北方园艺	25
5	江苏农业科学	28	10	基因组学与应用生物学	23

表 2-4 2011—2020 年海南省农业科学院高发文期刊（CSCD）TOP10 单位：篇

排序	期刊名称	发文量	排序	期刊名称	发文量
1	广东农业科学	63	6	西南农业学报	16
2	分子植物育种	49	7	植物遗传资源学报	11
3	热带作物学报	36	8	食品工业科技	10
4	杂交水稻	28	9	中国农学通报	9
5	基因组学与应用生物学	23	10	植物保护	8

2.4 合作发文机构 TOP10

2011—2020 年海南省农业科学院北大中文核心期刊合作发文机构 TOP10 见表 2-5，2011—2020 年海南省农业科学院 CSCD 期刊合作发文机构 TOP10 见表 2-6。

表 2-5 2011—2020 年海南省农业科学院北大中文核心期刊合作发文机构 TOP10 单位：篇

排序	合作发文机构	发文量	排序	合作发文机构	发文量
1	海南大学	116	6	南京农业大学	8
2	中国热带农业科学院	90	7	西南民族大学	7
3	华南农业大学	43	8	华中农业大学	7
4	中国农业科学院	25	9	海南省畜牧技术推广站	6
5	广东省农业科学院	13	10	湖南农业大学	6

表2-6　2011—2020年海南省农业科学院CSCD期刊合作发文机构TOP10　　　单位：篇

排序	合作发文机构	发文量	排序	合作发文机构	发文量
1	海南大学	75	6	福建农林大学	6
2	中国热带农业科学院	55	7	云南省农业科学院	6
3	华南农业大学	19	8	琼中县农业技术推广服务中心	5
4	中国农业科学院	17	9	南京农业大学	5
5	广东省农业科学院	11	10	中国科学院	5

河北省农林科学院

1 英文期刊论文分析

分析数据来源于科学引文索引数据库（Web of Science，WOS）收录文献类型为期刊论文（ARTICLE）、会议论文（PROCEEDINGS PAPER）和述评（REVIEW）的 Science Citation Index Expanded（SCIE）论文数据，数据时间范围为 2011—2020 年，共检索到河北省农林科学院作者发表的论文 615 篇。

1.1 发文量

2011—2020 年河北省农林科学院历年 SCI 发文与被引情况见表 1-1，河北省农林科学院英文文献历年发文趋势（2011—2020 年）见图 1-1。

表 1-1 2011—2020 年河北省农林科学院历年 SCI 发文与被引情况

出版年	发文量（篇）	WOS 所有数据库总被引频次	WOS 核心库被引频次
2011 年	25	341	278
2012 年	40	649	542
2013 年	47	743	627
2014 年	50	457	364
2015 年	61	252	215
2016 年	54	173	141
2017 年	67	215	204
2018 年	79	79	72
2019 年	92	23	23
2020 年	100	17	17

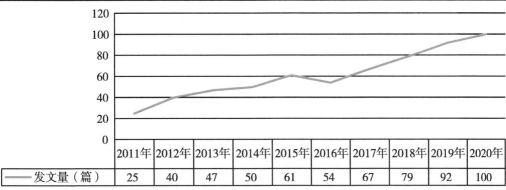

图 1-1 河北省农林科学院英文文献历年发文趋势（2011—2020 年）

1.2 发文期刊 JCR 分区

2011—2020 年河北省农林科学院 SCI 发文期刊 WOSJCR 分区情况见表 1-2，河北省农林科学院 SCI 发文期刊 WOSJCR 分区趋势（2011—2020 年）见图 1-2。

表 1-2 2011—2020 年河北省农林科学院 SCI 发文期刊 WOSJCR 分区情况

排序	出版年	Q1 区发文量（篇）	Q2 区发文量（篇）	Q3 区发文量（篇）	Q4 区发文量（篇）	其他发文量（篇）
1	2011 年	7	6	9	2	1
2	2012 年	12	12	9	5	2
3	2013 年	24	10	8	4	1
4	2014 年	13	22	6	4	5
5	2015 年	20	18	11	9	3
6	2016 年	16	18	12	6	2
7	2017 年	32	10	15	10	0
8	2018 年	26	28	17	8	0
9	2019 年	50	19	16	7	0
10	2020 年	51	25	12	12	0

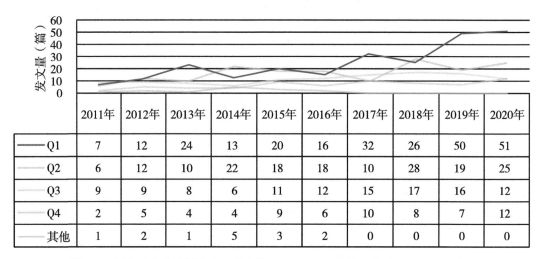

	2011年	2012年	2013年	2014年	2015年	2016年	2017年	2018年	2019年	2020年
Q1	7	12	24	13	20	16	32	26	50	51
Q2	6	12	10	22	18	18	10	28	19	25
Q3	9	9	8	6	11	12	15	17	16	12
Q4	2	5	4	4	9	6	10	8	7	12
其他	1	2	1	5	3	2	0	0	0	0

图 1-2 河北省农林科学院 SCI 发文期刊 WOSJCR 分区趋势（2011—2020 年）

1.3 高发文研究所 TOP10

2011—2020 年河北省农林科学院 SCI 高发文研究所 TOP10 见表 1-3。

表 1-3 2011—2020 年河北省农林科学院 SCI 高发文研究所 TOP10　　　　单位：篇

排序	研究所	发文量
1	河北省农林科学院粮油作物研究所	147

（续表）

排序	研究所	发文量
2	河北省农林科学院植物保护研究所	106
3	河北省农林科学院遗传生理研究所	90
4	河北省农林科学院谷子研究所	74
5	河北省农林科学院旱作农业研究所	48
6	河北省农林科学院昌黎果树研究所	43
7	河北省农林科学院农业资源环境研究所	34
8	河北省农林科学院棉花研究所	17
9	河北省农林科学院经济作物研究所	12
9	河北省农林科学院滨海农业研究所	12
10	河北省农林科学院石家庄果树研究所	11

1.4　高发文期刊 TOP10

2011—2020 年河北省农林科学院 SCI 高发文期刊 TOP10 见表 1-4。

表 1-4　2011—2020 年河北省农林科学院 SCI 高发文期刊 TOP10

排序	期刊名称	发文量（篇）	WOS 所有数据库总被引频次	WOS 核心库被引频次	期刊影响因子（最近年度）
1	JOURNAL OF INTEGRATIVE AGRICULTURE	29	30	21	2.848（2020）
2	PLOS ONE	29	192	162	3.24（2020）
3	FRONTIERS IN PLANT SCIENCE	16	29	28	5.753（2020）
4	SCIENTIFIC REPORTS	15	40	39	4.379（2020）
5	EUPHYTICA	15	73	60	1.895（2020）
6	BMC GENOMICS	14	233	213	3.969（2020）
7	THEORETICAL AND APPLIED GENETICS	12	39	35	5.699（2020）
8	INTERNATIONAL JOURNAL OF MOLECULAR SCIENCES	11	24	21	5.923（2020）
9	FIELD CROPS RESEARCH	11	61	48	5.224（2020）
10	SCIENTIA HORTICULTURAE	10	50	42	3.463（2020）

1.5 合作发文国家与地区 TOP10

2011—2020 年河北省农林科学院 SCI 合作发文国家与地区（合作发文 1 篇以上）TOP10 见表 1-5。

表 1-5　2011—2020 年河北省农林科学院 SCI 合作发文国家与地区 TOP10

排序	国家与地区	合作发文量（篇）	WOS 所有数据库总被引频次	WOS 核心库被引频次
1	美国	81	463	423
2	澳大利亚	23	131	125
3	比利时	9	77	53
4	加拿大	8	99	69
5	荷兰	7	7	7
6	巴基斯坦	7	22	22
7	瑞士	7	38	29
8	德国	6	125	109
9	英格兰	6	42	35
10	新西兰	6	3	3

1.6 合作发文机构 TOP10

2011—2020 年河北省农林科学院 SCI 合作发文机构 TOP10 见表 1-6。

表 1-6　2011—2020 年河北省农林科学院 SCI 合作发文机构 TOP10

排序	合作发文机构	发文量（篇）	WOS 所有数据库总被引频次	WOS 核心库被引频次
1	中国农业科学院	133	998	839
2	中国农业大学	96	446	375
3	河北农业大学	65	293	234
4	中国科学院	63	730	624
5	美国农业部农业研究院	37	51	50
6	河北师范大学	30	470	393
7	阿肯色大学	19	104	94
8	南京农业大学	18	151	137
9	中国科学院大学	17	34	27
10	四川农业大学	16	51	48

1.7 高频词 TOP20

2011—2020 年河北省农林科学院 SCI 发文高频词（作者关键词）TOP20 见表 1-7。

表 1-7　2011—2020 年河北省农林科学院 SCI 发文高频词（作者关键词）TOP20

排序	关键词（作者关键词）	频次	排序	关键词（作者关键词）	频次
1	Maize	22	11	QTL	8
2	Wheat	18	12	Apple	8
3	yield	15	13	Gene expression	8
4	Soybean	14	14	Salt tolerance	7
5	Triticum aestivum	14	15	Genetic diversity	7
6	foxtail millet	11	16	1-methylcyclopropene	7
7	Microplitis mediator	10	17	biomass	6
8	thermotolerance	10	18	Drought tolerance	6
9	pear	9	19	winter wheat	6
10	Phylogenetic analysis	8	20	North China Plain	6

2　中文期刊论文分析

2011—2020 年，河北省农林科学院作者共发表北大中文核心期刊论文 1 879 篇，中国科学引文数据库（CSCD）期刊论文 1 201 篇。

2.1　发文量

2011—2020 年河北省农林科学院中文文献历年发文趋势（2011—2020 年）见图 2-1。

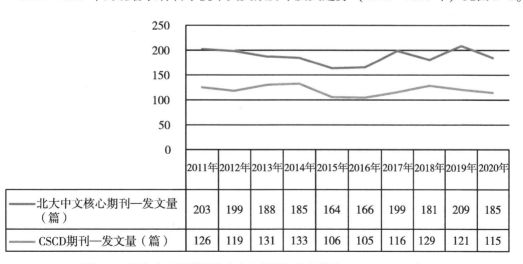

	2011年	2012年	2013年	2014年	2015年	2016年	2017年	2018年	2019年	2020年
北大中文核心期刊—发文量（篇）	203	199	188	185	164	166	199	181	209	185
CSCD期刊—发文量（篇）	126	119	131	133	106	105	116	129	121	115

图 2-1　河北省农林科学院中文文献历年发文趋势（2011—2020 年）

2.2 高发文研究所 TOP10

2011—2020 年河北省农林科学院北大中文核心期刊高发文研究所 TOP10 见表 2-1，2011—2020 年河北省农林科学院中国科学引文数据库（CSCD）期刊高发文研究所 TOP10 见表 2-2。

表 2-1 2011—2020 年河北省农林科学院北大中文核心期刊高发文研究所 TOP10　　单位：篇

排序	研究所	发文量
1	河北省农林科学院植物保护研究所	359
2	河北省农林科学院粮油作物研究所	216
3	河北省农林科学院谷子研究所	184
4	河北省农林科学院遗传生理研究所	182
5	河北省农林科学院旱作农业研究所	171
6	河北省农林科学院农业资源环境研究所	147
7	河北省农林科学院经济作物研究所	133
7	河北省农林科学院昌黎果树研究所	133
8	河北省农林科学院	110
9	河北省农林科学院棉花研究所	94
10	河北省农林科学院石家庄果树研究所	71

注："河北省农林科学院"发文包括作者单位只标注为"河北省农林科学院"、院属实验室等。

表 2-2 2011—2020 年河北省农林科学院 CSCD 期刊高发文研究所 TOP10　　单位：篇

排序	研究所	发文量
1	河北省农林科学院植物保护研究所	289
2	河北省农林科学院粮油作物研究所	153
3	河北省农林科学院旱作农业研究所	136
4	河北省农林科学院遗传生理研究所	120
5	河北省农林科学院谷子研究所	102
6	河北省农林科学院农业资源环境研究所	95
7	河北省农林科学院昌黎果树研究所	84
8	河北省农林科学院经济作物研究所	63
8	河北省农林科学院棉花研究所	63
9	河北省农林科学院石家庄果树研究所	36
10	河北省农林科学院滨海农业研究所	32

2.3 高发文期刊 TOP10

2011—2020 年河北省农林科学院高发文北大中文核心期刊 TOP10 见表 2-3，2011—2020 年河北省农林科学院高发文 CSCD 期刊 TOP10 见表 2-4。

表 2-3　2011—2020 年河北省农林科学院高发文期刊（北大中文核心）TOP10　单位：篇

排序	期刊名称	发文量	排序	期刊名称	发文量
1	华北农学报	248	6	植物病理学报	48
2	北方园艺	71	7	园艺学报	48
3	中国农业科学	67	8	中国农学通报	46
4	河北农业大学学报	65	9	植物保护	41
5	中国植保导刊	51	10	作物杂志	41

表 2-4　2011—2020 年河北省农林科学院高发文期刊（CSCD）TOP10　单位：篇

排序	期刊名称	发文量	排序	期刊名称	发文量
1	华北农学报	98	6	园艺学报	40
2	河北农业大学学报	61	7	植物保护	40
3	中国农业科学	61	8	植物保护学报	38
4	中国农学通报	50	9	中国生物防治学报	37
5	植物病理学报	45	10	麦类作物学报	32

2.4 合作发文机构 TOP10

2011—2020 年河北省农林科学院北大中文核心期刊合作发文机构 TOP10 见表 2-5，2011—2020 年河北省农林科学院 CSCD 期刊合作发文机构 TOP10 见表 2-6。

表 2-5　2011—2020 年河北省农林科学院北大中文核心期刊合作发文机构 TOP10　单位：篇

排序	合作发文机构	发文量	排序	合作发文机构	发文量
1	河北农业大学	230	6	南京农业大学	27
2	中国农业科学院	143	7	河北科技大学	27
3	中国农业大学	89	8	国家大豆改良中心	26
4	中国科学院	38	9	河北经贸大学	22
5	河北师范大学	30	10	河北大学	22

表 2-6　2011—2020 年河北省农林科学院 CSCD 期刊合作发文机构 TOP10　　　　单位：篇

排序	合作发文机构	发文量	排序	合作发文机构	发文量
1	河北农业大学	160	6	河北师范大学	22
2	中国农业科学院	116	7	国家大豆改良中心	17
3	中国农业大学	70	8	河北科技大学	15
4	中国科学院	28	9	河北科技师范学院	14
5	南京农业大学	26	10	北京市农林科学院	12

河南省农业科学院

1 英文期刊论文分析

分析数据来源于科学引文索引数据库（Web of Science，WOS）收录文献类型为期刊论文（ARTICLE）、会议论文（PROCEEDINGS PAPER）和述评（REVIEW）的 Science Citation Index Expanded（SCIE）论文数据，数据时间范围为 2011—2020 年，共检索到河南省农业科学院作者发表的论文 917 篇。

1.1 发文量

2011—2020 年河南省农业科学院历年 SCI 发文与被引情况见表 1-1，河南省农业科学院英文文献历年发文趋势（2011—2020 年）见图 1-1。

表 1-1　2011—2020 年河南省农业科学院历年 SCI 发文与被引情况

出版年	发文量（篇）	WOS 所有数据库总被引频次	WOS 核心库被引频次
2011 年	38	457	373
2012 年	48	619	493
2013 年	46	499	398
2014 年	59	548	439
2015 年	83	607	531
2016 年	113	408	369
2017 年	124	517	472
2018 年	113	158	146
2019 年	134	42	42
2020 年	159	60	59

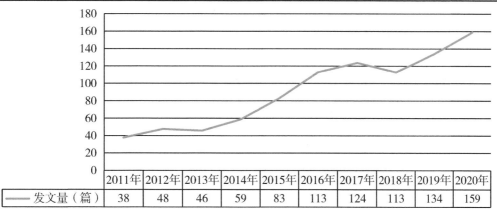

	2011年	2012年	2013年	2014年	2015年	2016年	2017年	2018年	2019年	2020年
发文量（篇）	38	48	46	59	83	113	124	113	134	159

图 1-1　河南省农业科学院英文文献历年发文趋势（2011—2020 年）

1.2 发文期刊 JCR 分区

2011—2020 年河南省农业科学院 SCI 发文期刊 WOSJCR 分区情况见表 1-2，河南省农业科学院 SCI 发文期刊 WOSJCR 分区趋势（2011—2020 年）见图 1-2。

表 1-2　2011—2020 年河南省农业科学院 SCI 发文期刊 WOSJCR 分区情况

排序	出版年	Q1 区发文量（篇）	Q2 区发文量（篇）	Q3 区发文量（篇）	Q4 区发文量（篇）	其他发文量（篇）
1	2011 年	4	17	8	3	6
2	2012 年	16	12	6	14	0
3	2013 年	17	14	7	3	5
4	2014 年	26	16	11	4	2
5	2015 年	32	23	14	12	2
6	2016 年	42	32	25	13	1
7	2017 年	65	34	12	11	2
8	2018 年	54	34	13	11	1
9	2019 年	55	53	16	8	2
10	2020 年	88	38	18	11	4

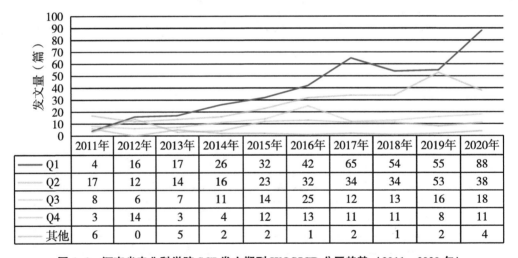

	2011年	2012年	2013年	2014年	2015年	2016年	2017年	2018年	2019年	2020年
Q1	4	16	17	26	32	42	65	54	55	88
Q2	17	12	14	16	23	32	34	34	53	38
Q3	8	6	7	11	14	25	12	13	16	18
Q4	3	14	3	4	12	13	11	11	8	11
其他	6	0	5	2	2	1	2	1	2	4

图 1-2　河南省农业科学院 SCI 发文期刊 WOSJCR 分区趋势（2011—2020 年）

1.3 高发文研究所 TOP10

2011—2020 年河南省农业科学院 SCI 高发文研究所 TOP10 见表 1-3。

表 1-3　2011—2020 年河南省农业科学院 SCI 高发文研究所 TOP10　　　　单位：篇

排序	研究所	发文量
1	河南省动物免疫学重点实验室	183

（续表）

排序	研究所	发文量
2	河南省农业科学院植物保护研究所	158
3	河南省农业科学院植物营养与资源环境研究所	97
4	河南省农业科学院经济作物研究所	70
5	河南省农业科学院畜牧兽医研究所	68
6	河南省农业科学院小麦研究所	53
7	河南省农业科学院农业质量标准与检测技术研究所	47
7	河南省农业科学院粮食作物研究所	47
8	河南省芝麻研究中心	32
9	河南省农业科学院园艺研究所	29
10	河南省农业科学院农副产品加工研究所	21

1.4　高发文期刊 TOP10

2011—2020 年河南省农业科学院 SCI 高发文期刊 TOP10 见表 1-4。

表 1-4　2011—2020 年河南省农业科学院 SCI 高发文期刊 TOP10

排序	期刊名称	发文量（篇）	WOS 所有数据库总被引频次	WOS 核心库被引频次	期刊影响因子（最近年度）
1	PLOS ONE	52	285	250	3.24（2020）
2	SCIENTIFIC REPORTS	33	122	112	4.379（2020）
3	JOURNAL OF INTEGRATIVE AGRICULTURE	20	45	26	2.848（2020）
4	FRONTIERS IN PLANT SCIENCE	19	85	79	5.753（2020）
5	INTERNATIONAL JOURNAL OF MOLECULAR SCIENCES	15	29	22	5.923（2020）
6	BMC PLANT BIOLOGY	14	14	12	4.215（2020）
7	FRONTIERS IN MICROBIOLOGY	13	48	45	5.64（2020）
8	SENSORS AND ACTUATORS B-CHEMICAL	12	75	75	7.46（2020）
9	VIRUS GENES	11	73	53	2.332（2020）
10	ARCHIVES OF VIROLOGY	11	41	31	2.574（2020）

1.5 合作发文国家与地区 TOP10

2011—2020 年河南省农业科学院 SCI 合作发文国家与地区（合作发文 1 篇以上）TOP10 见表 1-5。

表 1-5 2011—2020 年河南省农业科学院 SCI 合作发文国家与地区 TOP10

排序	国家与地区	合作发文量（篇）	WOS 所有数据库总被引频次	WOS 核心库被引频次
1	美国	106	866	771
2	英格兰	25	168	137
3	澳大利亚	23	262	223
4	加拿大	14	48	38
5	墨西哥	7	79	72
6	印度	7	180	168
7	法国	7	20	18
8	土耳其	6	39	38
9	德国	6	35	28
10	埃及	6	7	7

1.6 合作发文机构 TOP10

2011—2020 年河南省农业科学院 SCI 合作发文机构 TOP10 见表 1-6。

表 1-6 2011—2020 年河南省农业科学院 SCI 合作发文机构 TOP10

排序	合作发文机构	发文量（篇）	WOS 所有数据库总被引频次	WOS 核心库被引频次
1	河南农业大学	233	688	588
2	中国农业科学院	115	692	586
3	郑州大学	82	260	231
4	西北农林科技大学	78	332	264
5	中国农业大学	71	408	336
6	中国科学院	63	348	308
7	南京农业大学	51	381	331
8	河南科技大学	38	115	89
9	华中农业大学	29	197	167
10	河南科技学院	26	99	75

1.7 高频词 TOP20

2011—2020 年河南省农业科学院 SCI 发文高频词（作者关键词）TOP20 见表 1-7。

表1-7 2011—2020年河南省农业科学院SCI发文高频词（作者关键词）TOP20

排序	关键词（作者关键词）	频次	排序	关键词（作者关键词）	频次
1	Maize	32	11	Immunochromatographic strip	10
2	Wheat	19	12	Fluorescence	10
3	Long-term fertilization	14	13	new species	9
4	PRRSV	13	14	yield	9
5	Transcriptome	13	15	gene expression	9
6	China	13	16	Auxin	8
7	Phylogenetic analysis	12	17	Rice	7
8	colloidal gold	12	18	meat quality	7
9	broiler	11	19	Pyralidae	7
10	monoclonal antibody	11	20	Lepidoptera	7

2 中文期刊论文分析

2011—2020年，河南省农业科学院作者共发表北大中文核心期刊论文2 656篇，中国科学引文数据库（CSCD）期刊论文1 991篇。

2.1 发文量

2011—2020年河南省农业科学院中文文献历年发文趋势（2011—2020年）见图2-1。

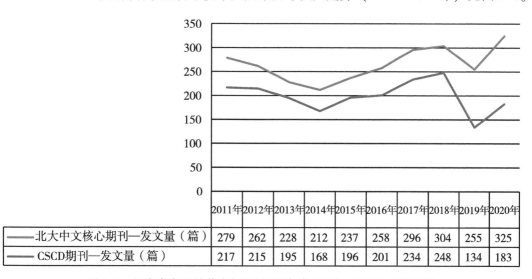

	2011年	2012年	2013年	2014年	2015年	2016年	2017年	2018年	2019年	2020年
北大中文核心期刊—发文量（篇）	279	262	228	212	237	258	296	304	255	325
CSCD期刊—发文量（篇）	217	215	195	168	196	201	234	248	134	183

图2-1 河南省农业科学院中文文献历年发文趋势（2011—2020年）

2.2 高发文研究所 TOP10

2011—2020 年河南省农业科学院北大中文核心期刊高发文研究所 TOP10 见表 2-1，2011—2020 年河南省农业科学院中国科学引文数据库（CSCD）期刊高发文研究所 TOP10 见表 2-2。

表 2-1 2011—2020 年河南省农业科学院北大中文核心期刊高发文研究所 TOP10 　单位：篇

排序	研究所	发文量
1	河南省农业科学院植物保护研究所	336
2	河南省农业科学院植物营养与资源环境研究所	314
3	河南省农业科学院	271
4	河南省农业科学院经济作物研究所	248
5	河南省农业科学院农副产品加工研究所	242
6	河南省动物免疫学重点实验室	236
7	河南省农业科学院农业经济与信息研究所	203
8	河南省农业科学院园艺研究所	188
9	河南省农业科学院粮食作物研究所	175
10	河南省农业科学院畜牧兽医研究所	172
11	河南省农业科学院小麦研究所	166

注："河南省农业科学院"发文包括作者单位只标注为"河南省农业科学院"、院属实验室等。

表 2-2 2011—2020 年河南省农业科学院 CSCD 期刊高发文研究所 TOP10 　单位：篇

排序	研究所	发文量
1	河南省农业科学院植物保护研究所	302
2	河南省农业科学院植物营养与资源环境研究所	270
3	河南省农业科学院	249
4	河南省农业科学院经济作物研究所	183
5	河南省农业科学院农业经济与信息研究所	164
6	河南省农业科学院粮食作物研究所	159
7	河南省农业科学院小麦研究所	150
8	河南省农业科学院农副产品加工研究所	139
9	河南省农业科学院园艺研究所	116
10	河南省农业科学院畜牧兽医研究所	89
11	河南省农业科学院烟草研究所	86

注："河南省农业科学院"发文包括作者单位只标注为"河南省农业科学院"、院属实验室等。

2.3 高发文期刊 TOP10

2011—2020 年河南省农业科学院高发文北大中文核心期刊 TOP10 见表 2-3，2011—2020 年河南省农业科学院高发文 CSCD 期刊 TOP10 见表 2-4。

表 2-3 2011—2020 年河南省农业科学院高发文期刊（北大中文核心）TOP10　单位：篇

排序	期刊名称	发文量	排序	期刊名称	发文量
1	河南农业科学	727	6	玉米科学	48
2	华北农学报	107	7	江苏农业科学	47
3	植物保护	74	8	食品工业科技	47
4	麦类作物学报	63	9	中国农业科学	45
5	分子植物育种	51	10	作物学报	41

表 2-4 2011—2020 年河南省农业科学院高发文期刊（CSCD）TOP10　单位：篇

排序	期刊名称	发文量	排序	期刊名称	发文量
1	河南农业科学	621	6	玉米科学	47
2	华北农学报	99	7	中国农业科学	44
3	植物保护	75	8	作物学报	39
4	麦类作物学报	59	9	中国土壤与肥料	36
5	分子植物育种	54	10	中国油料作物学报	35

2.4 合作发文机构 TOP10

2011—2020 年河南省农业科学院北大中文核心期刊合作发文机构 TOP10 见表 2-5，2011—2020 年河南省农业科学院 CSCD 期刊合作发文机构 TOP10 见表 2-6。

表 2-5 2011—2020 年河南省农业科学院北大中文核心期刊合作发文机构 TOP10　单位：篇

排序	合作发文机构	发文量	排序	合作发文机构	发文量
1	河南农业大学	411	6	河南工业大学	66
2	中国农业科学院	120	7	河南省烟草公司	46
3	郑州大学	105	8	中国农业大学	37
4	河南科技大学	86	9	南京农业大学	33
5	西北农林科技大学	74	10	河南科技学院	31

表 2-6 2011—2020 年河南省农业科学院 CSCD 期刊合作发文机构 TOP10　　　单位：篇

排序	合作发文机构	发文量	排序	合作发文机构	发文量
1	河南农业大学	328	6	河南省烟草公司	36
2	中国农业科学院	113	7	河南工业大学	30
3	郑州大学	86	8	南京农业大学	28
4	河南科技大学	77	9	信阳市农业科学院	26
5	西北农林科技大学	54	10	中国农业大学	26

黑龙江省农业科学院

1 英文期刊论文分析

分析数据来源于科学引文索引数据库（Web of Science，WOS）收录文献类型为期刊论文（ARTICLE）、会议论文（PROCEEDINGS PAPER）和述评（REVIEW）的 Science Citation Index Expanded（SCIE）论文数据，数据时间范围为 2011—2020 年，共检索到黑龙江省农业科学院作者发表的论文 866 篇。

1.1 发文量

2011—2020 年黑龙江省农业科学院历年 SCI 发文与被引情况见表 1-1，黑龙江省农业科学院英文文献历年发文趋势（2011—2020 年）见图 1-1。

表 1-1　2011—2020 年黑龙江省农业科学院历年 SCI 发文与被引情况

出版年	发文量（篇）	WOS 所有数据库总被引频次	WOS 核心库被引频次
2011 年	27	230	204
2012 年	45	1 397	1 316
2013 年	35	237	180
2014 年	51	289	231
2015 年	70	448	382
2016 年	87	239	217
2017 年	127	548	474
2018 年	124	68	64
2019 年	146	17	17
2020 年	154	35	34

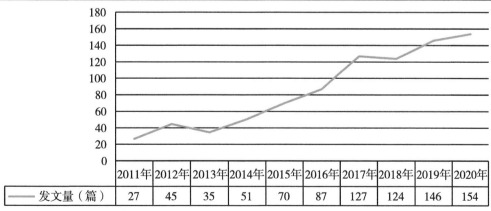

	2011年	2012年	2013年	2014年	2015年	2016年	2017年	2018年	2019年	2020年
发文量（篇）	27	45	35	51	70	87	127	124	146	154

图 1-1　黑龙江省农业科学院英文文献历年发文趋势（2011—2020 年）

1.2 发文期刊 JCR 分区

2011—2020 年黑龙江省农业科学院 SCI 发文期刊 WOSJCR 分区情况见表 1-2，黑龙江省农业科学院 SCI 发文期刊 WOSJCR 分区趋势（2011—2020 年）见图 1-2。

表 1-2 2011—2020 年黑龙江省农业科学院 SCI 发文期刊 WOSJCR 分区情况

排序	出版年	Q1 区发文量（篇）	Q2 区发文量（篇）	Q3 区发文量（篇）	Q4 区发文量（篇）	其他发文量（篇）
1	2011 年	4	6	3	5	9
2	2012 年	4	6	13	11	11
3	2013 年	5	9	5	8	8
4	2014 年	7	9	23	7	5
5	2015 年	25	13	14	13	5
6	2016 年	26	25	16	14	6
7	2017 年	61	21	20	21	4
8	2018 年	42	41	23	17	1
9	2019 年	50	43	23	29	1
10	2020 年	75	42	13	20	4

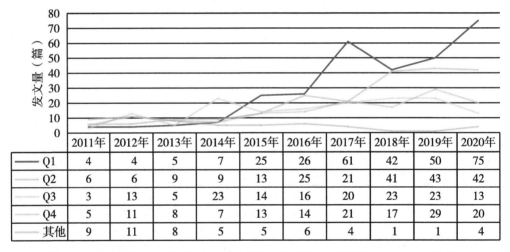

	2011年	2012年	2013年	2014年	2015年	2016年	2017年	2018年	2019年	2020年
Q1	4	4	5	7	25	26	61	42	50	75
Q2	6	6	9	9	13	25	21	41	43	42
Q3	3	13	5	23	14	16	20	23	23	13
Q4	5	11	8	7	13	14	21	17	29	20
其他	9	11	8	5	5	6	4	1	1	4

图 1-2 黑龙江省农业科学院 SCI 发文期刊 WOSJCR 分区趋势（2011—2020 年）

1.3 高发文研究所 TOP10

2011—2020 年黑龙江省农业科学院 SCI 高发文研究所 TOP10 见表 1-3。

表 1-3 2011—2020 年黑龙江省农业科学院 SCI 高发文研究所 TOP10　　　单位：篇

排序	研究所	发文量
1	黑龙江省农业科学院畜牧研究所	114

（续表）

排序	研究所	发文量
2	黑龙江省农业科学院土壤肥料与环境资源研究所	83
3	黑龙江省农业科学院院机关	65
4	黑龙江省农业科学院草业研究所	45
5	黑龙江省农业科学院作物育种研究所	44
6	黑龙江省农业科学院佳木斯分院	43
7	黑龙江省农业科学院大豆研究所	42
8	黑龙江省农业科学院耕作栽培研究所	35
9	黑龙江省农业科学院黑河分院	32
9	黑龙江省农业科学院经济作物研究所	32
10	黑龙江省农业科学院园艺分院	30

1.4 高发文期刊 TOP10

2011—2020 年黑龙江省农业科学院 SCI 高发文期刊 TOP10 见表 1-4。

表 1-4　2011—2020 年黑龙江省农业科学院 SCI 高发文期刊 TOP10

排序	期刊名称	发文量（篇）	WOS 所有数据库总被引频次	WOS 核心库被引频次	期刊影响因子（最近年度）
1	FRONTIERS IN PLANT SCIENCE	35	90	87	5.753（2020）
2	PLOS ONE	31	120	99	3.24（2020）
3	JOURNAL OF INTEGRATIVE AGRICULTURE	22	72	66	2.848（2020）
4	SCIENTIFIC REPORTS	22	42	39	4.379（2020）
5	ACTA AGRICULTURAE SCANDINAVICA SECTION B-SOIL AND PLANT SCIENCE	17	20	16	1.694（2020）
6	INTERNATIONAL JOURNAL OF AGRICULTURE AND BIOLOGY	15	0	0	0.822（2019）
7	BMC PLANT BIOLOGY	15	21	19	4.215（2020）
8	INTERNATIONAL JOURNAL OF MOLECULAR SCIENCES	14	12	11	5.923（2020）
9	ACTA AGRICULTURAE SCANDINAVICA SECTION A-ANIMAL SCIENCE	10	6	6	0.684（2020）

（续表）

排序	期刊名称	发文量（篇）	WOS 所有数据库总被引频次	WOS 核心库被引频次	期刊影响因子（最近年度）
10	PAKISTAN JOURNAL OF BOTANY	10	5	3	0.972（2020）

1.5　合作发文国家与地区 TOP10

2011—2020 年黑龙江省农业科学院 SCI 合作发文国家与地区（合作发文 1 篇以上）TOP10 见表 1-5。

表 1-5　2011—2020 年黑龙江省农业科学院 SCI 合作发文国家与地区 TOP10

排序	国家与地区	合作发文量（篇）	WOS 所有数据库总被引频次	WOS 核心库被引频次
1	美国	76	1 383	1 307
2	加拿大	24	83	81
3	日本	21	1 188	1143
4	挪威	11	15	12
5	澳大利亚	10	34	33
6	德国	9	1 151	1 114
7	荷兰	8	1 209	1 159
8	苏格兰	7	1 166	1 132
9	巴基斯坦	7	24	21
10	墨西哥	5	16	16

1.6　合作发文机构 TOP10

2011—2020 年黑龙江省农业科学院 SCI 合作发文机构 TOP10 见表 1-6。

表 1-6　2011—2020 年黑龙江省农业科学院 SCI 合作发文机构 TOP10

排序	合作发文机构	发文量（篇）	WOS 所有数据库总被引频次	WOS 核心库被引频次
1	东北农业大学	272	533	457
2	中国农业科学院	148	1 782	1 643
3	中国科学院	130	1 705	1 584
4	中国农业大学	59	1 428	1 343

（续表）

排序	合作发文机构	发文量（篇）	WOS 所有数据库总被引频次	WOS 核心库被引频次
5	沈阳农业大学	56	83	75
6	东北林业大学	52	141	116
7	中国科学院大学	37	172	138
8	黑龙江八一农垦大学	28	22	18
9	哈尔滨师范大学	25	35	34
10	吉林省农业科学院	24	80	67

1.7 高频词 TOP20

2011—2020 年黑龙江省农业科学院 SCI 发文高频词（作者关键词）TOP20 见表 1-7。

表 1-7 2011—2020 年黑龙江省农业科学院 SCI 发文高频词（作者关键词）TOP20

排序	关键词（作者关键词）	频次	排序	关键词（作者关键词）	频次
1	soybean	54	11	Genetic diversity	11
2	Maize	22	12	salt stress	11
3	RNA-seq	18	13	Transcriptome	11
4	rice	15	14	Yield	11
5	Glycine max	15	15	Potato	10
6	Black soil	15	16	Triticum aestivum	10
7	Gene expression	14	17	Porcine	9
8	Pig	13	18	Flax	9
9	Phytophthora sojae	12	19	expression	8
10	QTL	11	20	phylogenetic analysis	8

2 中文期刊论文分析

2011—2020 年，黑龙江省农业科学院作者共发表北大中文核心期刊论文 2 397 篇，中国科学引文数据库（CSCD）期刊论文 1 434 篇。

2.1 发文量

2011—2020 年黑龙江省农业科学院中文文献历年发文趋势（2011—2020 年）见图 2-1。

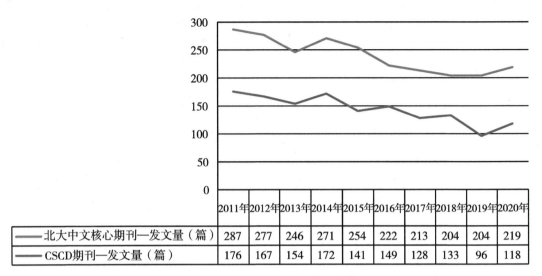

	2011年	2012年	2013年	2014年	2015年	2016年	2017年	2018年	2019年	2020年
北大中文核心期刊—发文量（篇）	287	277	246	271	254	222	213	204	204	219
CSCD期刊—发文量（篇）	176	167	154	172	141	149	128	133	96	118

图 2-1　黑龙江省农业科学院中文文献历年发文趋势（2011—2020 年）

2.2　高发文研究所 TOP10

　　2011—2020 年黑龙江省农业科学院北大中文核心期刊高发文研究所 TOP10 见表 2-1，2011—2020 年黑龙江省农业科学院中国科学引文数据库（CSCD）期刊高发文研究所TOP10 见表 2-2。

表 2-1　2011—2020 年黑龙江省农业科学院北大中文核心期刊高发文研究所 **TOP10** 单位：篇

排序	研究所	发文量
1	黑龙江省农业科学院	256
2	黑龙江省农业科学院佳木斯分院	214
3	黑龙江省农业科学院耕作栽培研究所	189
4	黑龙江省农业科学院畜牧研究所	188
5	黑龙江省农业科学院院机关	182
6	黑龙江省农业科学院土壤肥料与环境资源研究所	181
7	黑龙江省农业科学院园艺分院	168
8	黑龙江省农业科学院大豆研究所	123
9	黑龙江省农业科学院牡丹江分院	118
10	黑龙江省农业科学院草业研究所	114

（续表）

排序	研究所	发文量
11	黑龙江省农业科学院大庆分院	100

注：“黑龙江省农业科学院”发文包括作者单位只标注为“黑龙江省农业科学院”、院属实验室等。

表 2-2　2011—2020 年黑龙江省农业科学院 CSCD 期刊高发文研究所 TOP10　　单位：篇

排序	研究所	发文量
1	黑龙江省农业科学院佳木斯分院	189
2	黑龙江省农业科学院土壤肥料与环境资源研究所	158
3	黑龙江省农业科学院耕作栽培研究所	135
4	黑龙江省农业科学院	115
5	黑龙江省农业科学院大豆研究所	99
6	黑龙江省农业科学院院机关	90
7	黑龙江省农业科学院牡丹江分院	76
8	黑龙江省农业科学院大庆分院	70
9	黑龙江省农业科学院草业研究所	66
10	黑龙江省农业科学院作物育种研究所	59
11	黑龙江省农业科学院植物保护研究所	51

注：“黑龙江省农业科学院”发文包括作者单位只标注为“黑龙江省农业科学院”、院属实验室等。

2.3　高发文期刊 TOP10

2011—2020 年黑龙江省农业科学院高发文北大中文核心期刊 TOP10 见表 2-3，2011—2020 年黑龙江省农业科学院高发文 CSCD 期刊 TOP10 见表 2-4。

表 2-3　2011—2020 年黑龙江省农业科学院高发文期刊（北大中文核心）TOP10　　单位：篇

排序	期刊名称	发文量	排序	期刊名称	发文量
1	大豆科学	298	6	中国农学通报	59
2	北方园艺	188	7	玉米科学	49
3	黑龙江畜牧兽医	143	8	核农学报	42
4	作物杂志	131	9	安徽农业科学	40
5	东北农业大学学报	120	10	中国农业科学	38

表2-4　2011—2020年黑龙江省农业科学院高发文期刊（CSCD）TOP10　　单位：篇

排序	期刊名称	发文量	排序	期刊名称	发文量
1	大豆科学	266	6	核农学报	37
2	东北农业大学学报	110	7	作物学报	33
3	作物杂志	78	8	植物遗传资源学报	32
4	中国农学通报	72	9	农业工程学报	31
5	玉米科学	49	10	中国农业科学	31

2.4　合作发文机构 TOP10

2011—2020年黑龙江省农业科学院北大中文核心期刊合作发文机构 TOP10 见表2-5，2011—2020年黑龙江省农业科学院 CSCD 期刊合作发文机构 TOP10 见表2-6。

表2-5　2011—2020年黑龙江省农业科学院北大中文核心期刊合作发文机构 TOP10　单位：篇

排序	合作发文机构	发文量	排序	合作发文机构	发文量
1	东北农业大学	499	6	中国科学院	72
2	中国农业科学院	158	7	哈尔滨师范大学	46
3	黑龙江八一农垦大学	127	8	中国农业大学	33
4	沈阳农业大学	123	9	齐齐哈尔大学	32
5	东北林业大学	117	10	黑龙江大学	31

表2-6　2011—2020年黑龙江省农业科学院 CSCD 期刊合作发文机构 TOP10　　单位：篇

排序	合作发文机构	发文量	排序	合作发文机构	发文量
1	东北农业大学	333	6	中国科学院	45
2	中国农业科学院	119	7	哈尔滨师范大学	38
3	沈阳农业大学	101	8	中国农业大学	25
4	黑龙江八一农垦大学	92	9	佳木斯大学	23
5	东北林业大学	85	10	吉林省农业科学院	22

湖北省农业科学院

1 英文期刊论文分析

分析数据来源于科学引文索引数据库（Web of Science，WOS）收录文献类型为期刊论文（ARTICLE）、会议论文（PROCEEDINGS PAPER）和述评（REVIEW）的 Science Citation Index Expanded（SCIE）论文数据，数据时间范围为 2011—2020 年，共检索到湖北省农业科学院作者发表的论文 878 篇。

1.1 发文量

2011—2020 年湖北省农业科学院历年 SCI 发文与被引情况见表 1-1，湖北省农业科学院英文文献历年发文趋势（2011—2020 年）见图 1-1。

表 1-1　2011—2020 年湖北省农业科学院历年 SCI 发文与被引情况

出版年	发文量（篇）	WOS 所有数据库总被引频次	WOS 核心库被引频次
2011 年	57	478	395
2012 年	58	819	690
2013 年	54	548	473
2014 年	62	385	337
2015 年	68	473	407
2016 年	85	303	276
2017 年	83	400	356
2018 年	103	87	81
2019 年	149	39	39
2020 年	159	65	63

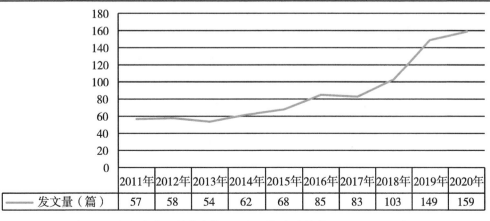

图 1-1　湖北省农业科学院英文文献历年发文趋势（2011—2020 年）

1.2 发文期刊 JCR 分区

2011—2020 年湖北省农业科学院 SCI 发文期刊 WOSJCR 分区情况见表 1-2，湖北省农业科学院 SCI 发文期刊 WOSJCR 分区趋势（2011—2020 年）见图 1-2。

表 1-2 2011—2020 年湖北省农业科学院 SCI 发文期刊 WOSJCR 分区情况

排序	出版年	Q1 区发文量（篇）	Q2 区发文量（篇）	Q3 区发文量（篇）	Q4 区发文量（篇）	其他发文量（篇）
1	2011 年	8	14	18	9	8
2	2012 年	24	14	11	7	2
3	2013 年	15	10	22	4	3
4	2014 年	16	23	9	10	4
5	2015 年	27	17	15	8	1
6	2016 年	31	26	20	7	1
7	2017 年	41	14	16	11	1
8	2018 年	40	32	15	15	1
9	2019 年	74	45	19	8	3
10	2020 年	91	34	21	13	0

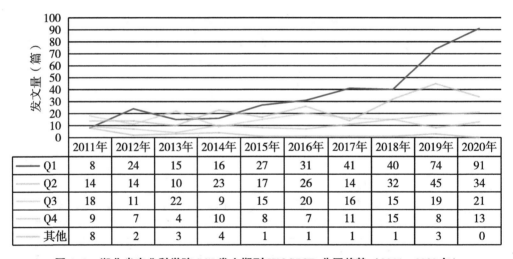

	2011年	2012年	2013年	2014年	2015年	2016年	2017年	2018年	2019年	2020年
Q1	8	24	15	16	27	31	41	40	74	91
Q2	14	14	10	23	17	26	14	32	45	34
Q3	18	11	22	9	15	20	16	15	19	21
Q4	9	7	4	10	8	7	11	15	8	13
其他	8	2	3	4	1	1	1	1	3	0

图 1-2 湖北省农业科学院 SCI 发文期刊 WOSJCR 分区趋势（2011—2020 年）

1.3 高发文研究所 TOP10

2011—2020 年湖北省农业科学院 SCI 高发文研究所 TOP10 见表 1-3。

表 1-3 2011—2020 年湖北省农业科学院 SCI 高发文研究所 TOP10　　　　单位：篇

排序	研究所	发文量
1	湖北省农业科学院畜牧兽医研究所	185
2	湖北省农业科学院植保土肥研究所	118

（续表）

排序	研究所	发文量
3	湖北省农业科学院农产品加工与核农技术研究所	113
4	湖北省农业科学院经济作物研究所	106
5	湖北省生物农药工程研究中心	104
6	湖北省农业科学院农业质量标准与检测技术研究所	71
7	湖北省农科院粮食作物研究所	58
8	湖北省农业科学院果树茶叶研究所	49
9	湖北省农业科学院农业经济技术研究所	5

注：全部发文研究所数量不足 10 个。

1.4 高发文期刊 TOP10

2011—2020 年湖北省农业科学院 SCI 高发文期刊 TOP10 见表 1-4。

表 1-4 2011—2020 年湖北省农业科学院 SCI 高发文期刊 TOP10

排序	期刊名称	发文量（篇）	WOS 所有数据库总被引频次	WOS 核心库被引频次	期刊影响因子（最近年度）
1	SCIENTIFIC REPORTS	30	71	60	4.379（2020）
2	PLOS ONE	30	217	189	3.24（2020）
3	FOOD CHEMISTRY	17	130	114	7.514（2020）
4	LWT-FOOD SCIENCE AND TECHNOLOGY	15	15	14	4.952（2020）
5	FRONTIERS IN MICROBIOLOGY	13	3	3	5.64（2020）
6	INTERNATIONAL JOURNAL OF MOLECULAR SCIENCES	11	15	13	5.923（2020）
7	BMC GENOMICS	11	91	83	3.969（2020）
8	JOURNAL OF INTEGRATIVE AGRICULTURE	11	36	30	2.848（2020）
9	ENVIRONMENTAL POLLUTION	9	49	48	8.071（2020）
10	MOLECULAR BIOLOGY REPORTS	9	51	42	2.316（2020）

1.5 合作发文国家与地区 TOP10

2011—2020 年湖北省农业科学院 SCI 合作发文国家与地区（合作发文 1 篇以上）TOP10 见表 1-5。

表 1-5　2011—2020 年湖北省农业科学院 SCI 合作发文国家与地区 TOP10

排序	国家与地区	合作发文量（篇）	WOS 所有数据库总被引频次	WOS 核心库被引频次
1	美国	96	613	528
2	巴基斯坦	14	22	21
3	加拿大	14	158	139
4	埃及	9	14	14
5	以色列	8	65	56
6	澳大利亚	7	39	35
7	德国	6	34	30
8	新西兰	6	91	81
9	泰国	5	9	9
10	韩国	4	57	41

1.6　合作发文机构 TOP10

2011—2020 年湖北省农业科学院 SCI 合作发文机构 TOP10 见表 1-6。

表 1-6　2011—2020 年湖北省农业科学院 SCI 合作发文机构 TOP10

排序	合作发文机构	发文量（篇）	WOS 所有数据库总被引频次	WOS 核心库被引频次
1	华中农业大学	286	1 233	1 090
2	中国农业科学院	102	573	479
3	武汉大学	69	372	320
4	中国农业大学	69	350	307
5	中国科学院	67	617	523
6	武汉理工大学	47	166	150
7	长江大学	46	77	70
8	华中师范大学	20	73	64
9	湖北工业大学	19	15	13
10	湖北大学	16	89	74

1.7　高频词 TOP20

2011—2020 年湖北省农业科学院 SCI 发文高频词（作者关键词）TOP20 见表 1-7。

表 1-7　2011—2020 年湖北省农业科学院 SCI 发文高频词（作者关键词）TOP20

排序	关键词（作者关键词）	频次	排序	关键词（作者关键词）	频次
1	Synthesis	23	11	RNA-seq	9
2	Gene expression	14	12	rice	8
3	Upland cotton	12	13	Monascus ruber	8
4	Virulence	10	14	Wheat	8
5	Pig	10	15	duck	8
6	Apoptosis	10	16	gamma-Fe2O3 NPs	7
7	Streptococcus suis	9	17	MCLR	7
8	SNP	9	18	Pathogenicity	7
9	phylogenetic analysis	9	19	Association analysis	7
10	Gossypium	9	20	promoter	7

2　中文期刊论文分析

2011—2020 年，湖北省农业科学院作者共发表北大中文核心期刊论文 2 517篇，中国科学引文数据库（CSCD）期刊论文 793 篇。

2.1　发文量

2011—2020 年湖北省农业科学院中文文献历年发文趋势（2011—2020 年）见图 2-1。

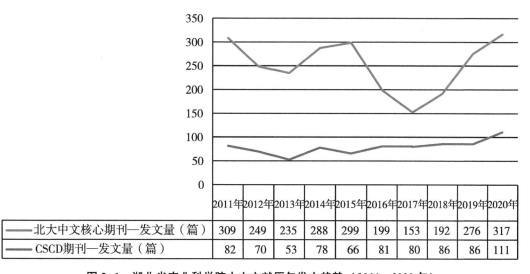

	2011年	2012年	2013年	2014年	2015年	2016年	2017年	2018年	2019年	2020年
北大中文核心期刊—发文量（篇）	309	249	235	288	299	199	153	192	276	317
CSCD期刊—发文量（篇）	82	70	53	78	66	81	80	86	86	111

图 2-1　湖北省农业科学院中文文献历年发文趋势（2011—2020 年）

2.2 高发文研究所 TOP10

2011—2020 年湖北省农业科学院北大中文核心期刊高发文研究所 TOP10 见表 2-1，2011—2020 年湖北省农业科学院中国科学引文数据库（CSCD）期刊高发文研究所 TOP10 见表 2-2。

表 2-1　2011—2020 年湖北省农业科学院北大中文核心期刊高发文研究所 TOP10　单位：篇

排序	研究所	发文量
1	湖北省农业科学院畜牧兽医研究所	519
2	湖北省农业科学院植保土肥研究所	381
3	湖北省农业科学院农产品加工与核农技术研究所	351
4	湖北省农科院粮食作物研究所	299
5	湖北省农业科学院果树茶叶研究所	269
6	湖北省农业科学院经济作物研究所	253
7	湖北省农业科学院	155
8	湖北省农业科学院农业质量标准与检测技术研究所	125
9	湖北省生物农药工程研究中心	109
10	湖北省农业科学院中药材研究所	77
11	湖北省农业科学院农业经济技术研究所	52

注："湖北省农业科学院"发文包括作者单位只标注为"湖北省农业科学院"、院属实验室等。

表 2-2　2011—2020 年湖北省农业科学院 CSCD 期刊高发文研究所 TOP10　单位：篇

排序	研究所	发文量
1	湖北省农业科学院植保土肥研究所	177
2	湖北省农业科学院畜牧兽医研究所	118
3	湖北省农业科学院果树茶叶研究所	109
4	湖北省农业科学院农产品加工与核农技术研究所	106
5	湖北省农科院粮食作物研究所	105
6	湖北省农业科学院经济作物研究所	84
7	湖北省农业科学院	35
8	湖北省农业科学院中药材研究所	30
9	湖北省农业科学院农业质量标准与检测技术研究所	29
10	湖北省生物农药工程研究中心	21
11	湖北省农业科学院农业经济技术研究所	8

注："湖北省农业科学院"发文包括作者单位只标注为"湖北省农业科学院"、院属实验室等。

2.3 高发文期刊 TOP10

2011—2020 年湖北省农业科学院高发文北大中文核心期刊 TOP10 见表 2-3，2011—2020 年湖北省农业科学院高发文 CSCD 期刊 TOP10 见表 2-4。

表 2-3 2011—2020 年湖北省农业科学院高发文期刊（北大中文核心）TOP10 　单位：篇

排序	期刊名称	发文量	排序	期刊名称	发文量
1	湖北农业科学	1 042	6	食品科学	42
2	中国家禽	55	7	食品科技	39
3	食品工业科技	53	8	黑龙江畜牧兽医	38
4	现代食品科技	49	9	分子植物育种	37
5	中国南方果树	44	10	华中农业大学学报	34

表 2-4 2011—2020 年湖北省农业科学院高发文期刊（CSCD）TOP10 　单位：篇

排序	期刊名称	发文量	排序	期刊名称	发文量
1	分子植物育种	40	6	植物保护	22
2	食品科学	38	7	麦类作物学报	20
3	华中农业大学学报	34	8	园艺学报	17
4	食品工业科技	33	9	中国土壤与肥料	17
5	蚕业科学	23	10	中国农业科学	16

2.4 合作发文机构 TOP10

2011—2020 年湖北省农业科学院北大中文核心期刊合作发文机构 TOP10 见表 2-5，2011—2020 年湖北省农业科学院 CSCD 期刊合作发文机构 TOP10 见表 2-6。

表 2-5 2011—2020 年湖北省农业科学院北大中文核心期刊合作发文机构 TOP10 　单位：篇

排序	合作发文机构	发文量	排序	合作发文机构	发文量
1	华中农业大学	236	6	中国农业大学	29
2	中国农业科学院	93	7	湖北省烟草公司	28
3	长江大学	76	8	武汉轻工大学	20
4	湖北工业大学	73	9	中国科学院	18
5	武汉大学	47	10	湖南农业大学	17

表 2-6　2011—2020 年湖北省农业科学院 CSCD 期刊合作发文机构 TOP10　　　　单位：篇

排序	合作发文机构	发文量	排序	合作发文机构	发文量
1	华中农业大学	102	6	湖北工业大学	26
2	中国农业科学院	64	7	中国科学院	14
3	长江大学	39	8	南京农业大学	13
4	武汉大学	31	9	湖北省烟草公司	13
5	中国农业大学	29	10	安徽农业大学	11

湖南省农业科学院

1 英文期刊论文分析

分析数据来源于科学引文索引数据库（Web of Science，WOS）收录文献类型为期刊论文（ARTICLE）、会议论文（PROCEEDINGS PAPER）和述评（REVIEW）的 Science Citation Index Expanded（SCIE）论文数据，数据时间范围为 2011—2020 年，共检索到湖南省农业科学院作者发表的论文 586 篇。

1.1 发文量

2011—2020 年湖南省农业科学院历年 SCI 发文与被引情况见表 1-1，湖南省农业科学院英文文献历年发文趋势（2011—2020 年）见图 1-1。

表 1-1　2011—2020 年湖南省农业科学院历年 SCI 发文与被引情况

出版年	发文量（篇）	WOS 所有数据库总被引频次	WOS 核心库被引频次
2011 年	14	256	212
2012 年	27	337	273
2013 年	22	381	313
2014 年	30	300	248
2015 年	44	223	193
2016 年	60	189	154
2017 年	64	227	191
2018 年	84	97	90
2019 年	112	46	45
2020 年	129	61	60

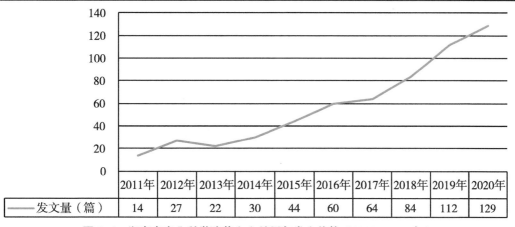

图 1-1　湖南省农业科学院英文文献历年发文趋势（2011—2020 年）

1.2 发文期刊 JCR 分区

2011—2020 年湖南省农业科学院 SCI 发文期刊 WOSJCR 分区情况见表 1-2，湖南省农业科学院 SCI 发文期刊 WOSJCR 分区趋势（2011—2020 年）见图 1-2。

表 1-2　2011—2020 年湖南省农业科学院 SCI 发文期刊 WOSJCR 分区情况

排序	出版年	Q1 区发文量（篇）	Q2 区发文量（篇）	Q3 区发文量（篇）	Q4 区发文量（篇）	其他发文量（篇）
1	2011 年	4	2	3	4	1
2	2012 年	7	8	4	6	2
3	2013 年	10	3	7	2	0
4	2014 年	9	9	6	5	1
5	2015 年	15	10	8	8	3
6	2016 年	16	24	13	7	0
7	2017 年	35	9	12	8	0
8	2018 年	30	24	18	11	1
9	2019 年	43	39	19	11	0
10	2020 年	63	43	15	7	1

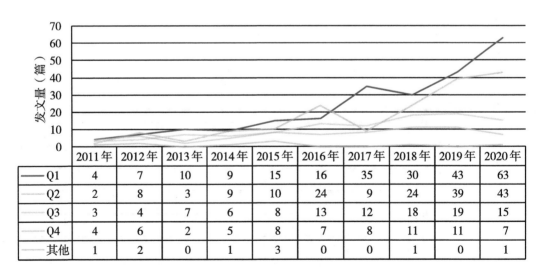

图 1-2　湖南省农业科学院 SCI 发文期刊 WOSJCR 分区趋势（2011—2020 年）

1.3 高发文研究所 TOP10

2011—2020 年湖南省农业科学院 SCI 高发文研究所 TOP10 见表 1-3。

表1-3　2011—2020年湖南省农业科学院SCI高发文研究所TOP10　　　　单位：篇

排序	研究所	发文量
1	湖南省植物保护研究所	128
2	湖南杂交水稻研究中心	108
3	湖南省农产品加工研究所	80
4	湖南省蔬菜研究所	36
5	湖南省土壤肥料研究所	35
6	湖南省水稻研究所	25
6	湖南省农业生物技术研究所	25
7	湖南省核农学与航天育种研究所	13
8	湖南省园艺研究所	9
9	湖南省茶叶研究所	7
10	湖南省农业环境生态研究所	5

1.4　高发文期刊 TOP10

2011—2020年湖南省农业科学院SCI高发文期刊TOP10见表1-4。

表1-4　2011—2020年湖南省农业科学院SCI高发文期刊TOP10

排序	期刊名称	发文量（篇）	WOS 所有数据库总被引频次	WOS 核心库被引频次	期刊影响因子（最近年度）
1	PLOS ONE	21	98	89	3.24（2020）
2	SCIENTIFIC REPORTS	19	58	45	4.379（2020）
3	INTERNATIONAL JOURNAL OF MOLECULAR SCIENCES	17	37	32	5.923（2020）
4	JOURNAL OF INTEGRATIVE AGRICULTURE	14	60	32	2.848（2020）
5	FOOD CHEMISTRY	12	110	100	7.514（2020）
6	FRONTIERS IN PLANT SCIENCE	12	8	7	5.753（2020）
7	ECOTOXICOLOGY AND ENVIRONMENTAL SAFETY	10	12	11	6.291（2020）
8	PAKISTAN JOURNAL OF BOTANY	9	4	3	0.972（2020）
9	FRONTIERS IN MICROBIOLOGY	8	1	1	5.64（2020）
10	RICE	7	31	29	4.783（2020）

1.5 合作发文国家与地区 TOP10

2011—2020 年湖南省农业科学院 SCI 合作发文国家与地区（合作发文 1 篇以上）TOP10 见表 1-5。

表 1-5 2011—2020 年湖南省农业科学院 SCI 合作发文国家与地区 TOP10

排序	国家与地区	合作发文量（篇）	WOS 所有数据库总被引频次	WOS 核心库被引频次
1	美国	75	656	553
2	澳大利亚	11	21	19
3	加拿大	9	48	39
4	德国	8	142	116
5	日本	8	100	73
6	英格兰	7	248	208
7	苏格兰	6	22	18
8	巴基斯坦	4	28	27
9	埃及	3	1	1
10	菲律宾	3	4	3

1.6 合作发文机构 TOP10

2011—2020 年湖南省农业科学院 SCI 合作发文机构 TOP10 见表 1-6。

表 1-6 2011—2020 年湖南省农业科学院 SCI 合作发文机构 TOP10

排序	合作发文机构	发文量（篇）	WOS 所有数据库总被引频次	WOS 核心库被引频次
1	湖南农业大学	205	621	508
2	中国农业科学院	81	716	568
3	中国科学院	67	512	412
4	湖南大学	64	48	44
5	中南大学	48	238	211
6	中国农业大学	31	165	143
7	肯塔基大学	30	138	124
8	南京农业大学	28	270	211
9	云南农业大学	16	36	32
10	浙江大学	16	72	64

1.7 高频词 TOP20

2011—2020 年湖南省农业科学院 SCI 发文高频词（作者关键词）TOP20 见表 1-7。

表 1-7　2011—2020 年湖南省农业科学院 SCI 发文高频词（作者关键词）TOP20

排序	关键词（作者关键词）	频次	排序	关键词（作者关键词）	频次
1	Rice	48	11	temperature	5
2	Transcriptome	13	12	Magnaporthe oryzae	5
3	Gene expression	11	13	Proteomics	5
4	pepper	10	14	Oxidative stress	5
5	Bemisia tabaci	9	15	resistance	5
6	apoptosis	7	16	Cytoplasmic male sterility	5
7	Helicoverpa armigera	7	17	Cadmium	5
8	Heavy metals	6	18	Quantitative trait locus（QTL）	4
9	Oryza sativa	6	19	RNA-Seq	4
10	Paddy soil	6	20	Capsicum annuum L.	4

2　中文期刊论文分析

2011—2020 年，湖南省农业科学院作者共发表北大中文核心期刊论文 1 577篇，中国科学引文数据库（CSCD）期刊论文 1 173篇。

2.1　发文量

2011—2020 年湖南省农业科学院中文文献历年发文趋势（2011—2020 年）见图 2-1。

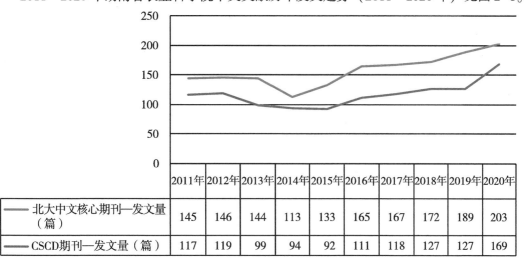

	2011年	2012年	2013年	2014年	2015年	2016年	2017年	2018年	2019年	2020年
北大中文核心期刊—发文量（篇）	145	146	144	113	133	165	167	172	189	203
CSCD期刊—发文量（篇）	117	119	99	94	92	111	118	127	127	169

图 2-1　湖南省农业科学院中文文献历年发文趋势（2011—2020 年）

2.2 高发文研究所 TOP10

2011—2020 年湖南省农业科学院北大中文核心期刊高发文研究所 TOP10 见表 2-1，2011—2020 年湖南省农业科学院中国科学引文数据库（CSCD）期刊高发文研究所 TOP10 见表 2-2。

表 2-1　2011—2020 年湖南省农业科学院北大中文核心期刊高发文研究所 TOP10　　单位：篇

排序	研究所	发文量
1	湖南杂交水稻研究中心	424
2	湖南省土壤肥料研究所	297
3	湖南省农产品加工研究所	182
4	湖南省植物保护研究所	167
5	湖南省蔬菜研究所	114
6	湖南省水稻研究所	97
7	湖南省农业科学院	80
8	湖南省茶叶研究所	63
9	湖南省园艺研究所	62
10	湖南省作物研究所	45
11	湖南省农业环境生态研究所	44

注："湖南省农业科学院"发文包括作者单位只标注为"湖南省农业科学院"、院属实验室等。

表 2-2　2011—2020 年湖南省农业科学院 CSCD 期刊高发文研究所 TOP10　　单位：篇

排序	研究所	发文量
1	湖南杂交水稻研究中心	300
2	湖南省土壤肥料研究所	272
3	湖南省植物保护研究所	140
4	湖南省农产品加工研究所	121
5	湖南省水稻研究所	85
6	湖南省蔬菜研究所	62
7	湖南省农业科学院	50
8	湖南省农业环境生态研究所	43
9	湖南省茶叶研究所	37

（续表）

排序	研究所	发文量
9	湖南省核农学与航天育种研究所	37
10	湖南省园艺研究所	35
11	湖南省作物研究所	30

注："湖南省农业科学院"发文包括作者单位只标注为"湖南省农业科学院"、院属实验室等。

2.3 高发文期刊 TOP10

2011—2020 年湖南省农业科学院高发文北大中文核心期刊 TOP10 见表 2-3，2011—2020 年湖南省农业科学院高发文 CSCD 期刊 TOP10 见表 2-4。

表 2-3 2011—2020 年湖南省农业科学院高发文期刊（北大中文核心）TOP10　　单位：篇

排序	期刊名称	发文量	排序	期刊名称	发文量
1	杂交水稻	244	6	中国食品学报	41
2	分子植物育种	61	7	中国蔬菜	38
3	湖南农业大学学报（自然科学版）	55	8	核农学报	35
4	植物保护	44	9	食品工业科技	35
5	食品与机械	43	10	农业环境科学学报	28

表 2-4 2011—2020 年湖南省农业科学院高发文期刊（CSCD）TOP10　　单位：篇

排序	期刊名称	发文量	排序	期刊名称	发文量
1	杂交水稻	203	6	中国农学通报	29
2	分子植物育种	56	7	农业环境科学学报	28
3	湖南农业大学学报·自然科学版	45	8	食品与机械	27
4	中国食品学报	39	9	食品科学	26
5	植物保护	39	10	核农学报	26

2.4 合作发文机构 TOP10

2011—2020 年湖南省农业科学院北大中文核心期刊合作发文机构 TOP10 见表 2-5，2011—2020 年湖南省农业科学院 CSCD 期刊合作发文机构 TOP10 见表 2-6。

表 2-5　2011—2020 年湖南省农业科学院北大中文核心期刊合作发文机构 TOP10　单位：篇

排序	合作发文机构	发文量	排序	合作发文机构	发文量
1	湖南农业大学	385	6	武汉大学	45
2	中南大学	143	7	中国农业大学	34
3	湖南大学	131	8	中南林业科技大学	32
4	中国农业科学院	96	9	福建省农业科学院	25
5	中国科学院	59	10	华中农业大学	25

表 2-6　2011—2020 年湖南省农业科学院 CSCD 期刊合作发文机构 TOP10　单位：篇

排序	合作发文机构	发文量	排序	合作发文机构	发文量
1	湖南农业大学	285	6	华中农业大学	26
2	湖南大学	115	7	中南林业科技大学	24
3	中南大学	109	8	中国农业大学	23
4	中国农业科学院	93	9	华南农业大学	20
5	中国科学院	45	10	福建省农业科学院	18

吉林省农业科学院

1 英文期刊论文分析

分析数据来源于科学引文索引数据库（Web of Science，WOS）收录文献类型为期刊论文（ARTICLE）、会议论文（PROCEEDINGS PAPER）和述评（REVIEW）的 Science Citation Index Expanded（SCIE）论文数据，数据时间范围为 2011—2020 年，共检索到吉林省农业科学院作者发表的论文 619 篇。

1.1 发文量

2011—2020 年吉林省农业科学院历年 SCI 发文与被引情况见表 1-1，吉林省农业科学院英文文献历年发文趋势（2011—2020 年）见图 1-1。

表 1-1　2011—2020 年吉林省农业科学院历年 SCI 发文与被引情况

出版年	发文量（篇）	WOS 所有数据库总被引频次	WOS 核心库被引频次
2011 年	34	412	366
2012 年	31	401	321
2013 年	33	355	290
2014 年	44	651	542
2015 年	61	394	332
2016 年	45	152	141
2017 年	67	160	138
2018 年	77	85	78
2019 年	110	17	17
2020 年	117	35	34

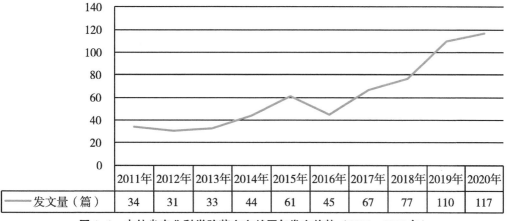

	2011年	2012年	2013年	2014年	2015年	2016年	2017年	2018年	2019年	2020年
发文量（篇）	34	31	33	44	61	45	67	77	110	117

图 1-1　吉林省农业科学院英文文献历年发文趋势（2011—2020 年）

1.2 发文期刊 JCR 分区

2011—2020年吉林省农业科学院SCI发文期刊WOSJCR分区情况见表1-2，吉林省农业科学院SCI发文期刊WOSJCR分区趋势（2011—2020年）见图1-2。

表1-2　2011—2020年吉林省农业科学院SCI发文期刊WOSJCR分区情况

排序	出版年	Q1区发文量（篇）	Q2区发文量（篇）	Q3区发文量（篇）	Q4区发文量（篇）	其他发文量（篇）
1	2011年	9	2	12	6	5
2	2012年	10	4	8	8	1
3	2013年	9	9	9	4	2
4	2014年	16	15	7	5	1
5	2015年	21	15	11	11	3
6	2016年	19	13	2	5	6
7	2017年	34	12	9	11	1
8	2018年	21	33	15	8	0
9	2019年	45	34	14	16	1
10	2020年	43	43	12	14	5

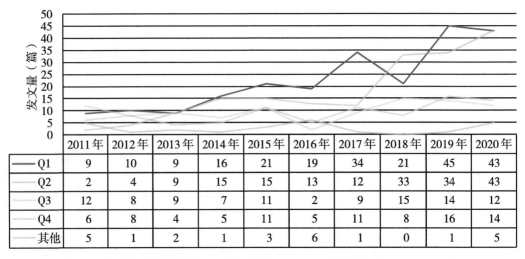

	2011年	2012年	2013年	2014年	2015年	2016年	2017年	2018年	2019年	2020年
Q1	9	10	9	16	21	19	34	21	45	43
Q2	2	4	9	15	15	13	12	33	34	43
Q3	12	8	9	7	11	2	9	15	14	12
Q4	6	8	4	5	11	5	11	8	16	14
其他	5	1	2	1	3	6	1	0	1	5

图1-2　吉林省农业科学院SCI发文期刊WOSJCR分区趋势（2011—2020年）

1.3 高发文研究所 TOP10

2011—2020年吉林省农业科学院SCI高发文研究所TOP10见表1-3。

表1-3　2011—2020年吉林省农业科学院SCI高发文研究所TOP10　　　　　单位：篇

排序	研究所	发文量
1	吉林省农业科学院农业资源与环境研究所	127

（续表）

排序	研究所	发文量
2	吉林省农业科学院农业生物技术研究所	103
3	吉林省农业科学院畜牧科学分院	48
4	吉林省农业科学院大豆研究所	42
5	吉林省农业科学院农产品加工研究所	35
6	吉林省农业科学院植物保护研究所	27
7	吉林省农业科学院玉米研究所	20
8	吉林省农业科学院作物资源研究所	12
8	吉林省农业科学院水稻研究所	12
8	吉林省农业科学院农业质量标准与检测技术研究所	12
9	吉林省农业科学院果树研究所	8
10	吉林省农业科学院经济植物研究所	7

1.4 高发文期刊 TOP10

2011—2020 年吉林省农业科学院 SCI 高发文期刊 TOP10 见表 1-4。

表 1-4 2011—2020 年吉林省农业科学院 SCI 高发文期刊 TOP10

排序	期刊名称	发文量（篇）	WOS 所有数据库总被引频次	WOS 核心库被引频次	期刊影响因子（最近年度）
1	PLOS ONE	32	171	142	3.24（2020）
2	SCIENTIFIC REPORTS	20	46	44	4.379（2020）
3	JOURNAL OF INTEGRATIVE AGRICULTURE	19	67	51	2.848（2020）
4	FRONTIERS IN PLANT SCIENCE	17	33	30	5.753（2020）
5	GENETICS AND MOLECULAR RESEARCH	15	45	41	0.764（2015）
6	INTERNATIONAL JOURNAL OF MOLECULAR SCIENCES	13	30	25	5.923（2020）
7	TRANSGENIC RESEARCH	10	5	5	2.788（2020）
8	BMC PLANT BIOLOGY	8	88	76	4.215（2020）
9	MOLECULAR BREEDING	8	80	63	2.589（2020）
10	EUPHYTICA	8	56	44	1.895（2020）

1.5 合作发文国家与地区 TOP10

2011—2020年吉林省农业科学院SCI合作发文国家与地区（合作发文1篇以上）TOP10见表1-5。

表1-5 2011—2020年吉林省农业科学院SCI合作发文国家与地区TOP10

排序	国家与地区	合作发文量（篇）	WOS所有数据库总被引频次	WOS核心库被引频次
1	美国	85	815	697
2	加拿大	23	130	104
3	澳大利亚	16	148	120
4	韩国	9	32	25
5	日本	8	36	28
6	英格兰	6	106	94
7	巴基斯坦	4	3	3
8	瑞士	4	45	33
9	德国	4	46	42
10	孟加拉国	3	15	12

1.6 合作发文机构 TOP10

2011—2020年吉林省农业科学院SCI合作发文机构TOP10见表1-6。

表1-6 2011—2020年吉林省农业科学院SCI合作发文机构TOP10

排序	合作发文机构	发文量（篇）	WOS所有数据库总被引频次	WOS核心库被引频次
1	吉林农业大学	112	601	512
2	中国农业科学院	110	899	730
3	吉林大学	107	448	386
4	中国科学院	72	558	469
5	中国农业大学	38	564	470
6	沈阳农业大学	35	83	78
7	东北师范大学	26	38	32
8	黑龙江省农业科学院	24	80	67
9	东北农业大学	22	322	259
10	东北师范大学	21	339	300

1.7 高频词 TOP20

2011—2020年吉林省农业科学院SCI发文高频词（作者关键词）TOP20见表1-7。

表1-7　2011—2020年吉林省农业科学院SCI发文高频词（作者关键词）TOP20

排序	关键词（作者关键词）	频次	排序	关键词（作者关键词）	频次
1	soybean	38	11	Fluorescence polarization	8
2	maize	29	12	apoptosis	8
3	rice	17	13	Polymorphism	7
4	long-term fertilization	15	14	Grain yield	6
5	Gene expression	12	15	Zea mays	6
6	genetic diversity	10	16	corn	6
7	Glycine max	10	17	black soil	6
8	Lactobacillus plantarum	9	18	Proteomics	5
9	DNA methylation	9	19	Meat Quality	5
10	Salt stress	8	20	Arabidopsis thaliana	5

2　中文期刊论文分析

2011—2020年，吉林省农业科学院作者共发表北大中文核心期刊论文2 019篇，中国科学引文数据库（CSCD）期刊论文1 313篇。

2.1　发文量

2011—2020年吉林省农业科学院中文文献历年发文趋势（2011—2020年）见图2-1。

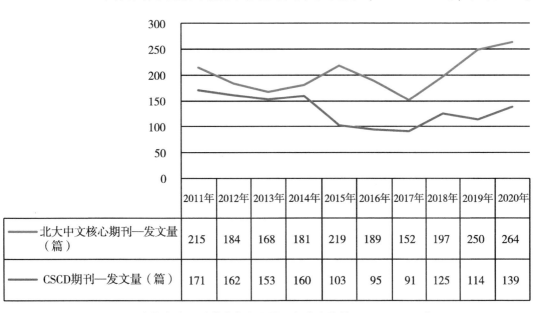

	2011年	2012年	2013年	2014年	2015年	2016年	2017年	2018年	2019年	2020年
北大中文核心期刊—发文量（篇）	215	184	168	181	219	189	152	197	250	264
CSCD期刊—发文量（篇）	171	162	153	160	103	95	91	125	114	139

图2-1　吉林省农业科学院中文文献历年发文趋势（2011—2020年）

2.2 高发文研究所 TOP10

2011—2020 年吉林省农业科学院北大中文核心期刊高发文研究所 TOP10 见表 2-1，2011—2020 年吉林省农业科学院中国科学引文数据库（CSCD）期刊高发文研究所 TOP10 见表 2-2。

表 2-1　2011—2020 年吉林省农业科学院北大中文核心期刊高发文研究所 TOP10　单位：篇

排序	研究所	发文量
1	吉林省农业科学院	619
2	吉林省农业科学院农业资源与环境研究所	334
3	吉林省农业科学院畜牧科学分院	230
4	吉林省农业科学院农业生物技术研究所	175
5	吉林省农业科学院植物保护研究所	159
6	吉林省农业科学院大豆研究所	117
7	吉林省农业科学院农产品加工研究所	102
8	吉林省农业科学院玉米研究所	64
9	吉林省农业科学院农业质量标准与检测技术研究所	52
10	吉林省农业科学院作物资源研究所	50
11	吉林省农业科学院果树研究所	43

注："吉林省农业科学院"发文包括作者单位只标注为"吉林省农业科学院"、院属实验室等。

表 2-2　2011—2020 年吉林省农业科学院 CSCD 期刊高发文研究所 TOP10　单位：篇

排序	研究所	发文量
1	吉林省农业科学院	403
2	吉林省农业科学院农业资源与环境研究所	259
3	吉林省农业科学院农业生物技术研究所	141
4	吉林省农业科学院植物保护研究所	115
5	吉林省农业科学院大豆研究所	106
6	吉林省农业科学院畜牧科学分院	89
7	吉林省农业科学院玉米研究所	47
8	吉林省农业科学院农产品加工研究所	46
9	吉林省农业科学院作物资源研究所	39
10	吉林省农业科学院水稻研究所	35
11	吉林省农业科学院农业经济与信息研究所	22

注："吉林省农业科学院"发文包括作者单位只标注为"吉林省农业科学院"、院属实验室等。

2.3 高发文期刊 TOP10

2011—2020 年吉林省农业科学院高发文北大中文核心期刊 TOP10 见表 2-3，2011—2020 年吉林省农业科学院高发文 CSCD 期刊 TOP10 见表 2-4。

表 2-3 2011—2020 年吉林省农业科学院高发文期刊（北大中文核心）TOP10 单位：篇

排序	期刊名称	发文量	排序	期刊名称	发文量
1	玉米科学	261	6	吉林农业大学学报	80
2	东北农业科学	167	7	安徽农业科学	52
3	吉林农业科学	95	8	中国畜牧兽医	51
4	大豆科学	91	9	分子植物育种	47
5	黑龙江畜牧兽医	83	10	中国农业科学	46

表 2-4 2011—2020 年吉林省农业科学院高发文期刊（CSCD）TOP10 单位：篇

排序	期刊名称	发文量	排序	期刊名称	发文量
1	玉米科学	255	6	中国农业科学	43
2	吉林农业科学	198	7	植物营养与肥料学报	33
3	大豆科学	90	8	中国兽医学报	28
4	吉林农业大学学报	72	9	中国农学通报	27
5	分子植物育种	50	10	食品科学	27

2.4 合作发文机构 TOP10

2011—2020 年吉林省农业科学院北大中文核心期刊合作发文机构 TOP10 见表 2-5，2011—2020 年吉林省农业科学院 CSCD 期刊合作发文机构 TOP10 见表 2-6。

表 2-5 2011—2020 年吉林省农业科学院北大中文核心期刊合作发文机构 TOP10 单位：篇

排序	合作发文机构	发文量	排序	合作发文机构	发文量
1	吉林农业大学	448	6	东北农业大学	58
2	中国农业科学院	121	7	沈阳农业大学	55
3	吉林大学	111	8	大豆国家工程研究中心	43
4	延边大学	108	9	中国农业大学	43
5	山东省农业科学院	61	10	中国科学院	38

表 2-6　2011—2020 年吉林省农业科学院 CSCD 期刊合作发文机构 TOP10　　　单位：篇

排序	合作发文机构	发文量	排序	合作发文机构	发文量
1	吉林农业大学	304	6	沈阳农业大学	41
2	中国农业科学院	109	7	中国科学院	34
3	吉林大学	65	8	中国农业大学	32
4	东北农业大学	58	9	哈尔滨师范大学	25
5	延边大学	53	10	山东省农业科学院	21

江苏省农业科学院

1 英文期刊论文分析

分析数据来源于科学引文索引数据库（Web of Science，WOS）收录文献类型为期刊论文（ARTICLE）、会议论文（PROCEEDINGS PAPER）和述评（REVIEW）的 Science Citation Index Expanded（SCIE）论文数据，数据时间范围为 2011—2020 年，共检索到江苏省农业科学院作者发表的论文 3 206 篇。

1.1 发文量

2011—2020 年江苏省农业科学院历年 SCI 发文与被引情况见表 1-1，江苏省农业科学院英文文献历年发文趋势（2011—2020 年）见图 1-1。

表 1-1 2011—2020 年江苏省农业科学院历年 SCI 发文与被引情况

出版年	发文量（篇）	WOS 所有数据库总被引频次	WOS 核心库被引频次
2011 年	74	1 151	941
2012 年	136	2 489	1 958
2013 年	164	2 195	1 819
2014 年	229	2 529	2 163
2015 年	342	1 890	1 602
2016 年	403	1 290	1 151
2017 年	424	1 795	1 622
2018 年	456	476	457
2019 年	479	86	82
2020 年	499	223	222

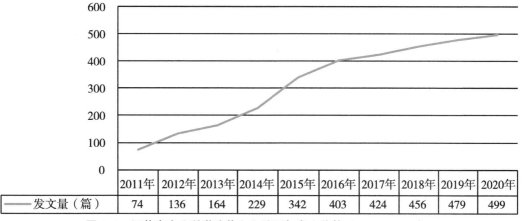

	2011年	2012年	2013年	2014年	2015年	2016年	2017年	2018年	2019年	2020年
发文量（篇）	74	136	164	229	342	403	424	456	479	499

图 1-1 江苏省农业科学院英文文献历年发文趋势（2011—2020 年）

1.2 发文期刊 JCR 分区

2011—2020 年江苏省农业科学院 SCI 发文期刊 WOSJCR 分区情况见表 1-2，江苏省农业科学院 SCI 发文期刊 WOSJCR 分区趋势（2011—2020 年）见图 1-2。

表 1-2 2011—2020 年江苏省农业科学院 SCI 发文期刊 WOSJCR 分区情况

排序	出版年	Q1 区发文量（篇）	Q2 区发文量（篇）	Q3 区发文量（篇）	Q4 区发文量（篇）	其他发文量（篇）
1	2011 年	20	15	16	16	7
2	2012 年	52	29	20	23	12
3	2013 年	69	31	40	13	11
4	2014 年	93	61	33	21	21
5	2015 年	125	86	71	42	18
6	2016 年	174	112	59	28	30
7	2017 年	215	100	67	38	4
8	2018 年	218	152	48	37	1
9	2019 年	228	148	61	35	7
10	2020 年	292	121	58	26	2

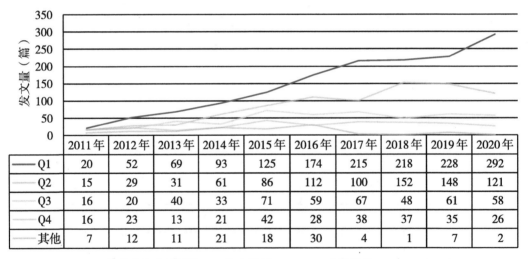

	2011 年	2012 年	2013 年	2014 年	2015 年	2016 年	2017 年	2018 年	2019 年	2020 年
Q1	20	52	69	93	125	174	215	218	228	292
Q2	15	29	31	61	86	112	100	152	148	121
Q3	16	20	40	33	71	59	67	48	61	58
Q4	16	23	13	21	42	28	38	37	35	26
其他	7	12	11	21	18	30	4	1	7	2

图 1-2 江苏省农业科学院 SCI 发文期刊 WOSJCR 分区趋势（2011—2020 年）

1.3 高发文研究所 TOP10

2011—2020 年江苏省农业科学院 SCI 高发文研究所 TOP10 见表 1-3。

表 1-3 2011—2020 年江苏省农业科学院 SCI 高发文研究所 TOP10　　　　单位：篇

排序	研究所	发文量
1	江苏省农业科学院农业资源与环境研究所	562

（续表）

排序	研究所	发文量
2	江苏省农业科学院植物保护研究所	352
3	江苏省农业科学院兽医研究所	323
4	江苏省农业科学院农产品质量安全与营养研究所	302
5	江苏省农业科学院农产品加工研究所	297
6	江苏省农业科学院园艺研究所	280
7	江苏省农业科学院种质资源与生物技术研究所	226
8	江苏省农业科学院粮食作物研究所	185
9	江苏省农业科学院蔬菜研究所	142
10	江苏省农业科学院畜牧研究所	131

1.4 高发文期刊 TOP10

2011—2020 年江苏省农业科学院 SCI 高发文期刊 TOP10 见表 1-4。

表 1-4 2011—2020 年江苏省农业科学院 SCI 高发文期刊 TOP10

排序	期刊名称	发文量（篇）	WOS所有数据库总被引频次	WOS核心库被引频次	期刊影响因子（最近年度）
1	PLOS ONE	99	826	694	3.24（2020）
2	SCIENTIFIC REPORTS	77	254	236	4.379（2020）
3	FRONTIERS IN PLANT SCIENCE	60	272	249	5.753（2020）
4	JOURNAL OF AGRICULTURAL AND FOOD CHEMISTRY	51	283	256	5.279（2020）
5	SCIENCE OF THE TOTAL ENVIRONMENT	49	206	190	7.963（2020）
6	FOOD CHEMISTRY	41	280	251	7.514（2020）
7	FRONTIERS IN MICROBIOLOGY	38	46	42	5.64（2020）
8	VETERINARY MICROBIOLOGY	34	84	62	3.293（2020）
9	GENETICS AND MOLECULAR RESEARCH	32	143	120	0.764（2015）
10	ACTA PHYSIOLOGIAE PLANTARUM	32	62	50	2.354（2020）

1.5 合作发文国家与地区 TOP10

2011—2020 年江苏省农业科学院 SCI 合作发文国家与地区（合作发文 1 篇以上）TOP10 见表 1-5。

表 1-5　2011—2020 年江苏省农业科学院 SCI 合作发文国家与地区 TOP10

排序	国家与地区	合作发文量（篇）	WOS 所有数据库总被引频次	WOS 核心库被引频次
1	美国	412	2 309	2 094
2	澳大利亚	95	699	633
3	英格兰	53	478	448
4	加拿大	46	598	544
5	巴基斯坦	41	194	173
6	日本	32	177	142
7	德国	32	152	132
8	荷兰	25	30	30
9	埃及	23	41	36
10	韩国	22	297	275

1.6　合作发文机构 TOP10

2011—2020 年江苏省农业科学院 SCI 合作发文机构 TOP10 见表 1-6。

表 1-6　2011—2020 年江苏省农业科学院 SCI 合作发文机构 TOP10

排序	合作发文机构	发文量（篇）	WOS 所有数据库总被引频次	WOS 核心库被引频次
1	南京农业大学	917	4 737	3 984
2	中国科学院	294	2 437	2 046
3	中国农业科学院	177	1 535	1 300
4	扬州大学	166	395	344
5	江苏大学	118	41	38
6	中国农业大学	113	606	532
7	广东省农业科学院	88	313	283
8	南京师范大学	84	431	352
9	浙江大学	75	577	480
10	山东省农业科学院	72	265	238

1.7　高频词 TOP20

2011—2020 年江苏省农业科学院 SCI 发文高频词（作者关键词）TOP20 见表 1-7。

表1-7 2011—2020年江苏省农业科学院SCI发文高频词（作者关键词）TOP20

排序	关键词（作者关键词）	频次	排序	关键词（作者关键词）	频次
1	rice	70	11	Soybean	23
2	Gene expression	53	12	Mycoplasma hyopneumoniae	23
3	Biochar	37	13	Phylogenetic analysis	22
4	Photosynthesis	33	14	Resistance	21
5	salt stress	30	15	Oryza sativa	21
6	Transcriptome	29	16	Peach	19
7	RNA-Seq	28	17	cotton	19
8	wheat	24	18	Genetic diversity	19
9	maize	23	19	Biocontrol	18
10	Cadmium	23	20	Pathogenicity	18

2 中文期刊论文分析

2011—2020年，江苏省农业科学院作者共发表北大中文核心期刊论文7 696篇，中国科学引文数据库（CSCD）期刊论文4 947篇。

2.1 发文量

2011—2020年江苏省农业科学院中文文献历年发文趋势（2011—2020年）见图2-1。

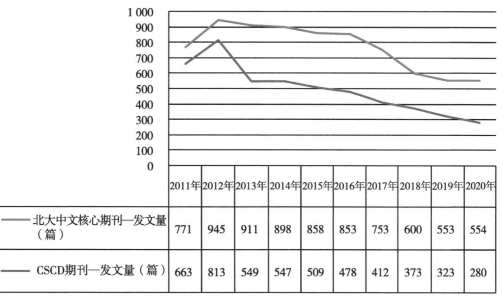

	2011年	2012年	2013年	2014年	2015年	2016年	2017年	2018年	2019年	2020年
北大中文核心期刊—发文量（篇）	771	945	911	898	858	853	753	600	553	554
CSCD期刊—发文量（篇）	663	813	549	547	509	478	412	373	323	280

图2-1 江苏省农业科学院中文文献历年发文趋势（2011—2020年）

2.2 高发文研究所 TOP10

2011—2020年江苏省农业科学院北大中文核心期刊高发文研究所 TOP10 见表 2-1，2011—2020年江苏省农业科学院中国科学引文数据库（CSCD）期刊高发文研究所 TOP10 见表 2-2。

表 2-1 2011—2020 年江苏省农业科学院北大中文核心期刊高发文研究所 TOP10　单位：篇

排序	研究所	发文量
1	江苏省农业科学院农业资源与环境研究所	663
2	江苏省农业科学院农产品加工研究所	623
3	江苏省农业科学院蔬菜研究所	542
4	江苏省农业科学院动物免疫工程研究所	480
5	江苏省农业科学院植物保护研究所	468
6	江苏省农业科学院兽医研究所	435
7	江苏省农业科学院畜牧研究所	412
8	江苏省农业科学院粮食作物研究所	409
9	江苏省农业科学院种质资源与生物技术研究所	405
9	江苏省农业科学院	405
10	江苏省农业科学院园艺研究所	351
11	江苏丘陵地区镇江农业科学研究所	347

注："江苏省农业科学院"发文包括作者单位只标注为"江苏省农业科学院"、院属实验室等。

表 2-2 2011—2020 年江苏省农业科学院 CSCD 期刊高发文研究所 TOP10　单位：篇

排序	研究所	发文量
1	江苏省农业科学院农业资源与环境研究所	546
2	江苏省农业科学院农产品加工研究所	414
3	江苏省农业科学院植物保护研究所	392
4	江苏省农业科学院兽医研究所	335
5	江苏省农业科学院	323
6	江苏省农业科学院粮食作物研究所	309
7	江苏省农业科学院蔬菜研究所	276
8	江苏省农业科学院园艺研究所	269
9	江苏省农业科学院畜牧研究所	257
10	江苏省农业科学院经济作物研究所	245
11	江苏省农业科学院种质资源与生物技术研究所	204

注："江苏省农业科学院"发文包括作者单位只标注为"江苏省农业科学院"、院属实验室等。

2.3 高发文期刊 TOP10

2011—2020 年江苏省农业科学院高发文北大中文核心期刊 TOP10 见表 2-3，2011—2020 年江苏省农业科学院高发文 CSCD 期刊 TOP10 见表 2-4。

表 2-3 2011—2020 年江苏省农业科学院高发文期刊（北大中文核心）TOP10 单位：篇

排序	期刊名称	发文量	排序	期刊名称	发文量
1	江苏农业科学	1 909	6	中国农业科学	122
2	江苏农业学报	1 156	7	食品工业科技	115
3	食品科学	197	8	麦类作物学报	104
4	西南农业学报	177	9	作物学报	101
5	华北农学报	164	10	核农学报	95

表 2-4 2011—2020 年江苏省农业科学院高发文期刊（CSCD）TOP10 单位：篇

排序	期刊名称	发文量	排序	期刊名称	发文量
1	江苏农业学报	1 110	6	中国农业科学	110
2	江苏农业科学	478	7	核农学报	94
3	西南农业学报	167	8	作物学报	92
4	食品科学	161	9	麦类作物学报	89
5	华北农学报	120	10	园艺学报	82

2.4 合作发文机构 TOP10

2011—2020 年江苏省农业科学院北大中文核心期刊合作发文机构 TOP10 见表 2-5，2011—2020 年江苏省农业科学院 CSCD 期刊合作发文机构 TOP10 见表 2-6。

表 2-5 2011—2020 年江苏省农业科学院北大中文核心期刊合作发文机构 TOP10 单位：篇

排序	合作发文机构	发文量	排序	合作发文机构	发文量
1	南京农业大学	1 055	6	国家水稻改良中心	119
2	扬州大学	350	7	中国科学院	109
3	中国农业科学院	233	8	南京林业大学	93
4	徐州工程学院	155	9	江苏省现代作物生产协同创新中心	51
5	南京师范大学	120	10	中国农业大学	51

表 2-6　2011—2020 年江苏省农业科学院 CSCD 期刊合作发文机构 TOP10　　　单位：篇

排序	合作发文机构	发文量	排序	合作发文机构	发文量
1	南京农业大学	831	6	国家水稻改良中心	75
2	扬州大学	243	7	南京林业大学	63
3	中国农业科学院	167	8	安徽农业大学	40
4	中国科学院	100	9	南京信息工程大学	38
5	南京师范大学	98	10	中国农业大学	37

江西省农业科学院

1 英文期刊论文分析

分析数据来源于科学引文索引数据库（Web of Science，WOS）收录文献类型为期刊论文（ARTICLE）、会议论文（PROCEEDINGS PAPER）和述评（REVIEW）的 Science Citation Index Expanded（SCIE）论文数据，数据时间范围为 2011—2020 年，共检索到江西省农业科学院作者发表的论文 400 篇。

1.1 发文量

2011—2020 年江西省农业科学院历年 SCI 发文与被引情况见表 1-1，江西省农业科学院英文文献历年发文趋势（2011—2020 年）见图 1-1。

表 1-1　2011—2020 年江西省农业科学院历年 SCI 发文与被引情况

出版年	发文量（篇）	WOS 所有数据库总被引频次	WOS 核心库被引频次
2011 年	9	141	101
2012 年	22	344	268
2013 年	31	348	289
2014 年	37	319	256
2015 年	39	238	212
2016 年	44	81	77
2017 年	51	155	142
2018 年	53	36	34
2019 年	54	8	8
2020 年	60	18	17

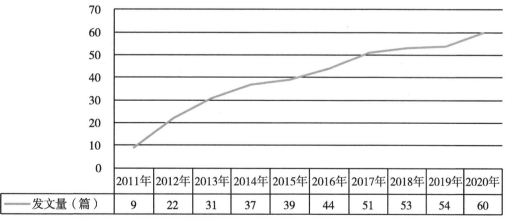

	2011年	2012年	2013年	2014年	2015年	2016年	2017年	2018年	2019年	2020年
发文量（篇）	9	22	31	37	39	44	51	53	54	60

图 1-1　江西省农业科学院英文文献历年发文趋势（2011—2020 年）

1.2 发文期刊 JCR 分区

2011—2020 年江西省农业科学院 SCI 发文期刊 WOSJCR 分区情况见表 1-2，江西省农业科学院 SCI 发文期刊 WOSJCR 分区趋势（2011—2020 年）见图 1-2。

表 1-2 2011—2020 年江西省农业科学院 SCI 发文期刊 WOSJCR 分区情况

排序	出版年	Q1 区发文量（篇）	Q2 区发文量（篇）	Q3 区发文量（篇）	Q4 区发文量（篇）	其他发文量（篇）
1	2011 年	3	3	1	2	0
2	2012 年	7	6	3	5	1
3	2013 年	10	10	7	2	2
4	2014 年	11	13	6	1	6
5	2015 年	13	7	7	8	4
6	2016 年	14	13	8	5	4
7	2017 年	24	17	4	4	2
8	2018 年	26	15	6	6	0
9	2019 年	24	21	5	2	2
10	2020 年	37	16	2	5	0

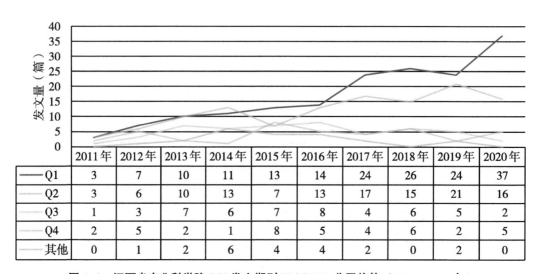

	2011 年	2012 年	2013 年	2014 年	2015 年	2016 年	2017 年	2018 年	2019 年	2020 年
Q1	3	7	10	11	13	14	24	26	24	37
Q2	3	6	10	13	7	13	17	15	21	16
Q3	1	3	7	6	7	8	4	6	5	2
Q4	2	5	2	1	8	5	4	6	2	5
其他	0	1	2	6	4	4	2	0	2	0

图 1-2 江西省农业科学院 SCI 发文期刊 WOSJCR 分区趋势（2011—2020 年）

1.3 高发文研究所 TOP10

2011—2020 年江西省农业科学院 SCI 高发文研究所 TOP10 见表 1-3。

表1-3　2011—2020年江西省农业科学院SCI高发文研究所TOP10　　　　单位：篇

排序	研究所	发文量
1	江西省农业科学院土壤肥料与资源环境研究所	101
2	江西省农业科学院水稻研究所	47
3	江西省农业科学院农产品质量安全与标准研究所	45
3	江西省农业科学院畜牧兽医研究所	45
4	江西省农业科学院植物保护研究所	36
5	江西省农业科学院农业微生物研究所	16
6	江西省农业科学院园艺研究所	15
7	江西省农业科学院作物研究所	12
8	江西省农业科学院蔬菜花卉研究所	7
9	江西省农业科学院江西省超级水稻研究发展中心	5
9	江西省农业科学院农业工程研究所	5
10	江西省农业科学院农产品加工研究所	4

1.4　高发文期刊TOP10

2011—2020年江西省农业科学院SCI高发文期刊TOP10见表1-4。

表1-4　2011—2020年江西省农业科学院SCI高发文期刊TOP10

排序	期刊名称	发文量（篇）	WOS所有数据库总被引频次	WOS核心库被引频次	期刊影响因子（最近年度）
1	PLOS ONE	13	98	90	3.24（2020）
2	JOURNAL OF SOILS AND SEDIMENTS	12	67	48	3.308（2020）
3	JOURNAL OF INTEGRATIVE AGRICULTURE	12	21	12	2.848（2020）
4	FOOD CHEMISTRY	10	53	46	7.514（2020）
5	FRONTIERS IN PLANT SCIENCE	8	20	17	5.753（2020）
6	SOIL & TILLAGE RESEARCH	5	47	36	5.374（2020）
7	FIELD CROPS RESEARCH	5	35	33	5.224（2020）
8	SCIENTIFIC REPORTS	5	27	26	4.379（2020）
9	PLANT BREEDING	5	17	11	1.832（2020）
10	CROP SCIENCE	5	15	12	2.319（2020）

1.5 合作发文国家与地区 TOP10

2011—2020 年江西省农业科学院 SCI 合作发文国家与地区（合作发文 1 篇以上）TOP10 见表 1-5。

表 1-5　2011—2020 年江西省农业科学院 SCI 合作发文国家与地区 TOP10

排序	国家与地区	合作发文量（篇）	WOS 所有数据库总被引频次	WOS 核心库被引频次
1	美国	38	301	243
2	德国	13	27	26
3	巴基斯坦	5	40	36
4	澳大利亚	4	10	10
5	英格兰	4	18	15
6	韩国	3	56	40
7	丹麦	3	31	27
8	荷兰	3	29	25
9	日本	3	23	21
10	苏格兰	3	1	1

1.6 合作发文机构 TOP10

2011—2020 年江西省农业科学院 SCI 合作发文机构 TOP10 见表 1-6。

表 1-6　2011—2020 年江西省农业科学院 SCI 合作发文机构 TOP10

排序	合作发文机构	发文量（篇）	WOS 所有数据库总被引频次	WOS 核心库被引频次
1	中国农业科学院	77	252	201
2	中国科学院	53	335	284
3	江西农业大学	45	115	101
4	华中农业大学	42	238	194
5	南京农业大学	37	170	130
6	江西师范大学	25	143	106
7	浙江大学	24	169	153
8	南昌大学	22	143	118
9	中国科学院大学	20	12	11
10	中国水稻研究所	14	71	52

1.7 高频词 TOP20

2011—2020 年江西省农业科学院 SCI 发文高频词（作者关键词）TOP20 见表 1-7。

表1-7 2011—2020年江西省农业科学院SCI发文高频词（作者关键词）TOP20

排序	关键词（作者关键词）	频次	排序	关键词（作者关键词）	频次
1	rice	14	11	manure	5
2	Long-term fertilization	12	12	QTL	5
3	Paddy soil	8	13	Persimmon tannin	5
4	Chilo suppressalis	7	14	Peanut	5
5	Dongxiang wild rice	7	15	Soil organic carbon	4
6	grain yield	7	16	Rice（Oryza sativa L.）	4
7	Ovalbumin	6	17	Persimmon	4
8	Global warming	5	18	soybean	4
9	Glycation	5	19	Brassica napus	4
10	Common wild rice	5	20	Microcystins	4

2 中文期刊论文分析

2011—2020年，江西省农业科学院作者共发表北大中文核心期刊论文1 066篇，中国科学引文数据库（CSCD）期刊论文717篇。

2.1 发文量

2011—2020年江西省农业科学院中文文献历年发文趋势（2011—2020年）见图2-1。

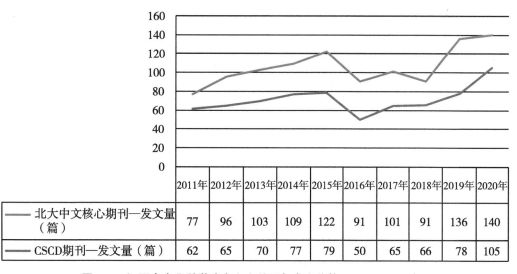

	2011年	2012年	2013年	2014年	2015年	2016年	2017年	2018年	2019年	2020年
北大中文核心期刊—发文量（篇）	77	96	103	109	122	91	101	91	136	140
CSCD期刊—发文量（篇）	62	65	70	77	79	50	65	66	78	105

图2-1 江西省农业科学院中文文献历年发文趋势（2011—2020年）

2.2 高发文研究所 TOP10

2011—2020年江西省农业科学院北大中文核心期刊高发文研究所 TOP10 见表 2-1，2011—2020年江西省农业科学院中国科学引文数据库（CSCD）期刊高发文研究所 TOP10 见表 2-2。

表 2-1　2011—2020 年江西省农业科学院北大中文核心期刊高发文研究所 TOP10　单位：篇

排序	研究所	发文量
1	江西省农业科学院土壤肥料与资源环境研究所	288
2	江西省农业科学院	121
3	江西省农业科学院水稻研究所	112
4	江西省农业科学院畜牧兽医研究所	110
5	江西省农业科学院植物保护研究所	99
6	江西省农业科学院作物研究所	70
6	江西省农业科学院蔬菜花卉研究所	70
7	江西省农业科学院农业工程研究所	68
8	江西省农业科学院农产品质量安全与标准研究所	63
9	江西省农业科学院农业经济与信息研究所	46
10	江西省农业科学院农业微生物研究所	31
10	江西省农业科学院农产品加工研究所	31
11	江西省农业科学院园艺研究所	22

注："江西省农业科学院"发文包括作者单位只标注为"江西省农业科学院"、院属实验室等。

表 2-2　2011—2020 年江西省农业科学院 CSCD 期刊高发文研究所 TOP10　单位：篇

排序	研究所	发文量
1	江西省农业科学院土壤肥料与资源环境研究所	183
2	江西省农业科学院植物保护研究所	99
3	江西省农业科学院水稻研究所	87
4	江西省农业科学院畜牧兽医研究所	68
5	江西省农业科学院蔬菜花卉研究所	67
6	江西省农业科学院	59

（续表）

排序	研究所	发文量
7	江西省农业科学院作物研究所	56
8	江西省农业科学院农产品质量安全与标准研究所	46
9	江西省农业科学院农业经济与信息研究所	29
10	江西省农业科学院农业微生物研究所	27
11	江西省农业科学院农业工程研究所	24

注："江西省农业科学院"发文包括作者单位只标注为"江西省农业科学院"、院属实验室等。

2.3 高发文期刊 TOP10

2011—2020 年江西省农业科学院高发文北大中文核心期刊 TOP10 见表 2-3，2011—2020 年江西省农业科学院高发文 CSCD 期刊 TOP10 见表 2-4。

表 2-3 2011—2020 年江西省农业科学院高发文期刊（北大中文核心）TOP10　　单位：篇

排序	期刊名称	发文量	排序	期刊名称	发文量
1	江西农业大学学报	102	6	中国油料作物学报	23
2	杂交水稻	32	7	中国水稻科学	22
3	植物营养与肥料学报	31	8	中国农业科学	22
4	中国土壤与肥料	27	9	动物营养学报	21
5	植物遗传资源学报	23	10	分子植物育种	20

表 2-4 2011—2020 年江西省农业科学院高发文期刊（CSCD）TOP10　　单位：篇

排序	期刊名称	发文量	排序	期刊名称	发文量
1	江西农业大学学报	92	6	中国土壤与肥料	23
2	杂交水稻	27	7	中国油料作物学报	22
3	植物营养与肥料学报	26	8	动物营养学报	22
4	中国农学通报	23	9	植物遗传资源学报	21
5	南方农业学报	23	10	植物保护学报	19

2.4 合作发文机构 TOP10

2011—2020 年江西省农业科学院北大中文核心期刊合作发文机构 TOP10 见表 2-5，2011—2020 年江西省农业科学院 CSCD 期刊合作发文机构 TOP10 见表 2-6。

表 2-5　2011—2020 年江西省农业科学院北大中文核心期刊合作发文机构 TOP10　单位：篇

排序	合作发文机构	发文量	排序	合作发文机构	发文量
1	江西农业大学	115	6	南京农业大学	26
2	中国农业科学院	86	7	南昌大学	22
3	江西省红壤研究所	69	8	江西师范大学	18
4	中国科学院	63	9	扬州大学	17
5	华中农业大学	32	10	华南农业大学	17

表 2-6　2011—2020 年江西省农业科学院 CSCD 期刊合作发文机构 TOP10　单位：篇

排序	合作发文机构	发文量	排序	合作发文机构	发文量
1	江西农业大学	81	6	湖南农业大学	15
2	中国农业科学院	76	7	江西省红壤研究所	14
3	中国科学院	28	8	浙江省农业科学院	12
4	华中农业大学	20	9	广东省农业科学院	12
5	南昌大学	17	10	浙江大学	11

辽宁省农业科学院

1 英文期刊论文分析

分析数据来源于科学引文索引数据库（Web of Science，WOS）收录文献类型为期刊论文（ARTICLE）、会议论文（PROCEEDINGS PAPER）和述评（REVIEW）的 Science Citation Index Expanded（SCIE）论文数据，数据时间范围为 2011—2020 年，共检索到辽宁省农业科学院作者发表的论文 268 篇。

1.1 发文量

2011—2020 年辽宁省农业科学院历年 SCI 发文与被引情况见表 1-1，辽宁省农业科学院英文文献历年发文趋势（2011—2020 年）见图 1-1。

表 1-1　2011—2020 年辽宁省农业科学院历年 SCI 发文与被引情况

出版年	发文量（篇）	WOS 所有数据库总被引频次	WOS 核心库被引频次
2011 年	9	88	71
2012 年	12	111	103
2013 年	18	237	206
2014 年	30	231	199
2015 年	28	113	96
2016 年	28	47	36
2017 年	32	72	62
2018 年	24	16	14
2019 年	36	12	12
2020 年	51	17	17

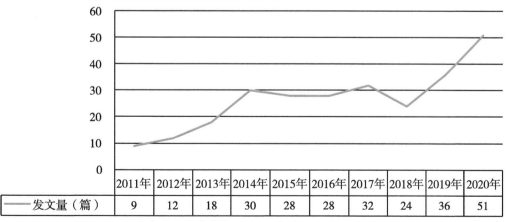

图 1-1　辽宁省农业科学院英文文献历年发文趋势（2011—2020 年）

1.2 发文期刊JCR分区

2011—2020年辽宁省农业科学院SCI发文期刊WOSJCR分区情况见表1-2，辽宁省农业科学院SCI发文期刊WOSJCR分区趋势（2011—2020年）见图1-2。

表1-2 2011—2020年辽宁省农业科学院SCI发文期刊WOSJCR分区情况

排序	出版年	Q1区发文量（篇）	Q2区发文量（篇）	Q3区发文量（篇）	Q4区发文量（篇）	其他发文量（篇）
1	2011年	1	1	3	0	4
2	2012年	1	5	2	0	4
3	2013年	4	5	2	2	5
4	2014年	10	8	3	4	5
5	2015年	9	4	5	3	7
6	2016年	8	6	3	8	3
7	2017年	14	8	8	2	0
8	2018年	12	5	4	3	0
9	2019年	11	16	6	3	0
10	2020年	23	13	10	3	2

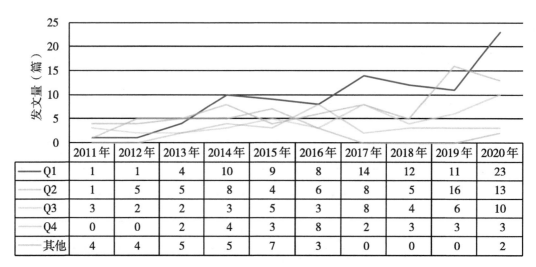

图1-2 辽宁省农业科学院SCI发文期刊WOSJCR分区趋势（2011—2020年）

1.3 高发文研究所TOP10

2011—2020年辽宁省农业科学院SCI高发文研究所TOP10见表1-3。

表 1-3　2011—2020 年辽宁省农业科学院 SCI 高发文研究所 TOP10　　　　　单位：篇

排序	研究所	发文量
1	辽宁省农业科学院植物保护研究所	32
2	辽宁省农业科学院植物营养与环境资源研究所	19
3	辽宁省农业科学院作物研究所	18
4	辽宁省农业科学院大连生物技术研究所	16
5	辽宁省农业科学院耕作栽培研究所	15
6	辽宁省经济作物研究所	13
6	辽宁省农业科学院花卉研究所	13
7	辽宁省农业科学院蔬菜研究所	11
7	辽宁省水稻研究所	11
8	辽宁省农业科学院食品与加工研究所	10
9	辽宁省农业科学院玉米研究所	9
10	辽宁省农业科学院创新中心	6

1.4　高发文期刊 TOP10

2011—2020 年辽宁省农业科学院 SCI 高发文期刊 TOP10 见表 1-4。

表 1-4　2011—2020 年辽宁省农业科学院 SCI 高发文期刊 TOP10

排序	期刊名称	发文量（篇）	WOS 所有数据库总被引频次	WOS 核心库被引频次	期刊影响因子（最近年度）
1	PLOS ONE	17	102	88	3.24 （2020）
2	SCIENTIA HORTICULTURAE	8	32	28	3.463 （2020）
3	INTERNATIONAL JOURNAL OF AGRICULTURE AND BIOLOGY	8	7	7	0.822 （2019）
4	SCIENTIFIC REPORTS	8	10	9	4.379 （2020）
5	JOURNAL OF INTEGRATIVE AGRICULTURE	7	25	20	2.848 （2020）
6	FISH & SHELLFISH IMMUNOLOGY	5	31	28	4.581 （2020）
7	PLANT AND SOIL	4	11	11	4.192 （2020）
8	GENETICS AND MOLECULAR RESEARCH	4	5	4	0.764 （2015）
9	FRONTIERS IN PLANT SCIENCE	4	3	3	5.753 （2020）

（续表）

排序	期刊名称	发文量（篇）	WOS 所有数据库总被引频次	WOS 核心库被引频次	期刊影响因子（最近年度）
10	EUPHYTICA	4	2	2	1.895（2020）

1.5 合作发文国家与地区 TOP10

2011—2020 年辽宁省农业科学院 SCI 合作发文国家与地区（合作发文 1 篇以上）TOP10 见表 1-5。

表 1-5 2011—2020 年辽宁省农业科学院 SCI 合作发文国家与地区 TOP10

排序	国家与地区	合作发文量（篇）	WOS 所有数据库总被引频次	WOS 核心库被引频次
1	美国	27	121	109
2	荷兰	8	13	9
3	澳大利亚	8	26	20
4	菲律宾	6	70	62
5	加拿大	4	66	62
6	新西兰	4	7	7
7	意大利	4	4	4
8	巴基斯坦	4	4	4
9	瑞典	4	2	2
10	波兰	3	0	0

1.6 合作发文机构 TOP10

2011—2020 年辽宁省农业科学院 SCI 合作发文机构 TOP10 见表 1-6。

表 1-6 2011—2020 年辽宁省农业科学院 SCI 合作发文机构 TOP10

排序	合作发文机构	发文量（篇）	WOS 所有数据库总被引频次	WOS 核心库被引频次
1	沈阳农业大学	133	285	248
2	中国农业科学院	39	308	261
3	中国科学院	37	372	318
4	中国农业大学	26	171	152

（续表）

排序	合作发文机构	发文量（篇）	WOS 所有数据库总被引频次	WOS 核心库被引频次
5	中国科学院大学	9	16	15
6	大连理工大学	7	41	37
7	吉林省农业科学院	6	18	15
8	田纳西大学	6	15	13
9	瓦格宁根农业大学	6	13	9
10	黑龙江省农业科学院	6	7	7

1.7 高频词 TOP20

2011—2020 年辽宁省农业科学院 SCI 发文高频词（作者关键词）TOP20 见表 1-7。

表 1-7 2011—2020 年辽宁省农业科学院 SCI 发文高频词（作者关键词）TOP20

排序	关键词（作者关键词）	频次	排序	关键词（作者关键词）	频次
1	genetic diversity	8	11	Molecular marker	4
2	Photosynthesis	6	12	Copper	4
3	rice	6	13	grain yield	4
4	Apostichopus japonicus	6	14	Antheraea pernyi	4
5	Maize	6	15	Defense	3
6	peanut	5	16	Blueberry	3
7	Tomato	5	17	Sorghum	3
8	Population structure	4	18	Cereal	3
9	soybean	4	19	Metabolism	3
10	Cucumis sativus	4	20	immunity	3

2 中文期刊论文分析

2011—2020 年，辽宁省农业科学院作者共发表北大中文核心期刊论文 1 852 篇，中国科学引文数据库（CSCD）期刊论文 998 篇。

2.1 发文量

2011—2020 年辽宁省农业科学院中文文献历年发文趋势（2011—2020 年）见图 2-1。

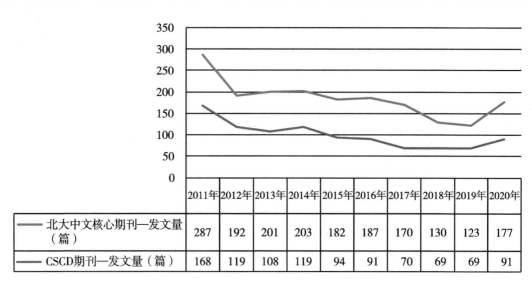

	2011年	2012年	2013年	2014年	2015年	2016年	2017年	2018年	2019年	2020年
—— 北大中文核心期刊—发文量（篇）	287	192	201	203	182	187	170	130	123	177
—— CSCD期刊—发文量（篇）	168	119	108	119	94	91	70	69	69	91

图 2-1 辽宁省农业科学院中文文献历年发文趋势（2011—2020 年）

2.2 高发文研究所 TOP10

2011—2020 年辽宁省农业科学院北大中文核心期刊高发文研究所 TOP10 见表 2-1，2011—2020 年辽宁省农业科学院中国科学引文数据库（CSCD）期刊高发文研究所 TOP10 见表 2-2。

表 2-1 2011—2020 年辽宁省农业科学院北大中文核心期刊高发文研究所 TOP10 单位：篇

排序	研究所	发文量
1	辽宁省果树科学研究所	254
2	辽宁省农业科学院	206
3	辽宁省农业科学院植物保护研究所	178
4	辽宁省农业科学院植物营养与环境资源研究所	128
5	辽宁省农业科学院玉米研究所	88
6	辽宁省风沙地改良利用研究所	87
7	辽宁省蚕业科学研究所	82
8	辽宁省农业科学院创新中心	80
9	辽宁省农村经济研究所	76
9	辽宁省经济作物研究所	76
10	辽宁省农业科学院耕作栽培研究所	73
11	辽宁省农业科学院食品与加工研究所	71

注："辽宁省农业科学院"发文包括作者单位只标注为"辽宁省农业科学院"、院属实验室等。

表 2-2　2011—2020 年辽宁省农业科学院 CSCD 期刊高发文研究所 TOP10　　单位：篇

排序	研究所	发文量
1	辽宁省农业科学院植物保护研究所	126
2	辽宁省果树科学研究所	121
3	辽宁省农业科学院植物营养与环境资源研究所	91
4	辽宁省农业科学院	83
5	辽宁省蚕业科学研究所	76
6	辽宁省微生物科学研究院	67
7	辽宁省农业科学院创新中心	51
8	辽宁省农业科学院玉米研究所	48
9	辽宁省风沙地改良利用研究所	39
9	辽宁省农业科学院耕作栽培研究所	39
10	辽宁省水稻研究所	37
10	辽宁省经济作物研究所	37
11	辽宁省农业科学院作物研究所	36
11	辽宁省农业科学院大连生物技术研究所	36

注："辽宁省农业科学院"发文包括作者单位只标注为"辽宁省农业科学院"、院属实验室等。

2.3　高发文期刊 TOP10

2011—2020 年辽宁省农业科学院高发文北大中文核心期刊 TOP10 见表 2-3，2011—2020 年辽宁省农业科学院高发文 CSCD 期刊 TOP10 见表 2-4。

表 2-3　2011—2020 年辽宁省农业科学院高发文期刊（北大中文核心）TOP10　　单位：篇

排序	期刊名称	发文量	排序	期刊名称	发文量
1	北方园艺	172	6	玉米科学	65
2	农业经济	144	7	果树学报	51
3	江苏农业科学	108	8	中国果树	49
4	蚕业科学	92	9	安徽农业科学	47
5	沈阳农业大学学报	88	10	作物杂志	44

表 2-4　2011—2020 年辽宁省农业科学院高发文期刊（CSCD）TOP10　　单位：篇

排序	期刊名称	发文量	排序	期刊名称	发文量
1	蚕业科学	89	6	大豆科学	35
2	沈阳农业大学学报	81	7	中国农业科学	32
3	玉米科学	65	8	中国农学通报	28
4	微生物学杂志	60	9	西南农业学报	24
5	果树学报	43	10	中国土壤与肥料	22

2.4　合作发文机构 TOP10

2011—2020 年辽宁省农业科学院北大中文核心期刊合作发文机构 TOP10 见表 2-5，2011—2020 年辽宁省农业科学院 CSCD 期刊合作发文机构 TOP10 见表 2-6。

表 2-5　2011—2020 年辽宁省农业科学院北大中文核心期刊合作发文机构 TOP10　　单位：篇

排序	合作发文机构	发文量	排序	合作发文机构	发文量
1	沈阳农业大学	361	6	吉林农业大学	14
2	中国农业科学院	80	7	黑龙江省农业科学院	13
3	辽宁工程技术大学	26	8	沈阳师范大学	12
4	中国科学院	26	9	渤海大学	11
5	中国农业大学	22	10	辽宁农业职业技术学院	9

表 2-6　2011—2020 年辽宁省农业科学院 CSCD 期刊合作发文机构 TOP10　　单位：篇

排序	合作发文机构	发文量	排序	合作发文机构	发文量
1	沈阳农业大学	273	6	黑龙江省农业科学院	11
2	中国农业科学院	41	7	辽宁大学生命科学院	8
3	中国科学院	27	8	吉林农业大学	7
4	辽宁工程技术大学	24	9	南京农业大学	7
5	中国农业大学	19	10	吉林省农业科学院	6

内蒙古自治区农牧业科学院

1 英文期刊论文分析

分析数据来源于科学引文索引数据库（Web of Science，WOS）收录文献类型为期刊论文（ARTICLE）、会议论文（PROCEEDINGS PAPER）和述评（REVIEW）的 Science Citation Index Expanded（SCIE）论文数据，数据时间范围为 2011—2020 年，共检索到内蒙古自治区农牧业科学院作者发表的论文 174 篇。

1.1 发文量

2011—2020 年内蒙古自治区农牧业科学院历年 SCI 发文与被引情况见表 1-1，内蒙古自治区农牧业科学院英文文献历年发文趋势（2011—2020 年）见图 1-1。

表 1-1　2011—2020 年内蒙古自治区农牧业科学院历年 SCI 发文与被引情况

出版年	发文量（篇）	WOS 所有数据库总被引频次	WOS 核心库被引频次
2011 年	2	2	2
2012 年	4	34	28
2013 年	9	92	72
2014 年	16	79	71
2015 年	15	52	45
2016 年	25	72	64
2017 年	17	46	39
2018 年	24	47	45
2019 年	27	3	3
2020 年	35	11	11

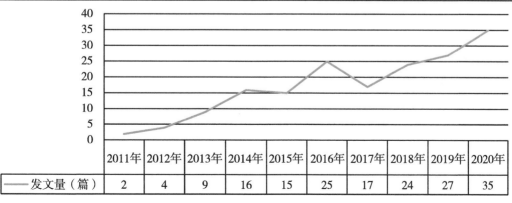

	2011年	2012年	2013年	2014年	2015年	2016年	2017年	2018年	2019年	2020年
发文量（篇）	2	4	9	16	15	25	17	24	27	35

图 1-1　内蒙古自治区农牧业科学院英文文献历年发文趋势（2011—2020 年）

1.2 发文期刊 JCR 分区

2011—2020 年内蒙古自治区农牧业科学院 SCI 发文期刊 WOSJCR 分区情况见表 1-2，内蒙古自治区农牧业科学院 SCI 发文期刊 WOSJCR 分区趋势（2011—2020 年）见图 1-2。

表 1-2 2011—2020 年内蒙古自治区农牧业科学院 SCI 发文期刊 WOSJCR 分区情况

排序	出版年	Q1 区发文量（篇）	Q2 区发文量（篇）	Q3 区发文量（篇）	Q4 区发文量（篇）	其他发文量（篇）
1	2011 年	0	0	0	0	2
2	2012 年	1	1	2	0	0
3	2013 年	1	2	6	0	0
4	2014 年	1	8	4	1	2
5	2015 年	6	2	4	3	0
6	2016 年	7	8	7	1	2
7	2017 年	5	7	4	1	0
8	2018 年	7	10	6	0	1
9	2019 年	10	8	5	4	0
10	2020 年	12	11	7	4	1

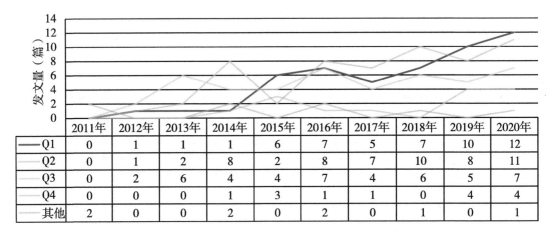

	2011年	2012年	2013年	2014年	2015年	2016年	2017年	2018年	2019年	2020年
Q1	0	1	1	1	6	7	5	7	10	12
Q2	0	1	2	8	2	8	7	10	8	11
Q3	0	2	6	4	4	7	4	6	5	7
Q4	0	0	0	1	3	1	1	0	4	4
其他	2	0	0	2	0	2	0	1	0	1

图 1-2 内蒙古自治区农牧业科学院 SCI 发文期刊 WOSJCR 分区趋势（2011—2020 年）

1.3 高发文研究所 TOP10

2011—2020 年内蒙古自治区农牧业科学院 SCI 高发文研究所 TOP10 见表 1-3。

表1-3 2011—2020年内蒙古自治区农牧业科学院SCI高发文研究所TOP10   单位：篇

排序	研究所	发文量
1	内蒙古自治区农牧业科学院动物营养与饲料研究所	25
2	中国科学院内蒙古草业研究中心	22
3	内蒙古自治区农牧业科学院生物技术研究中心	10
4	内蒙古自治区农牧业科学院资源环境与检测技术研究所	8
5	内蒙古自治区农牧业科学院植物保护研究所	5
5	内蒙古自治区农牧业科学院兽医研究所	5
6	内蒙古自治区农牧业科学院农牧业经济与信息研究所	3
7	内蒙古自治区农牧业科学院草原研究所	2
7	内蒙古自治区农牧业科学院赤峰分院	2

注：全部发文研究所数量不足10个。

1.4 高发文期刊TOP10

2011—2020年内蒙古自治区农牧业科学院SCI高发文期刊TOP10见表1-4。

表1-4 2011—2020年内蒙古自治区农牧业科学院SCI高发文期刊TOP10

排序	期刊名称	发文量（篇）	WOS所有数据库总被引频次	WOS核心库被引频次	期刊影响因子（最近年度）
1	JOURNAL OF DAIRY SCIENCE	7	12	12	4.034（2020）
2	SCIENTIFIC REPORTS	6	7	7	4.379（2020）
3	JOURNAL OF INTEGRATIVE AGRICULTURE	5	9	7	2.848（2020）
4	PLOS ONE	5	6	6	3.24（2020）
5	GENETICS AND MOLECULAR RESEARCH	5	5	4	0.764（2015）
6	BMC GENOMICS	4	44	35	3.969（2020）
7	MOLECULAR BIOLOGY REPORTS	3	32	22	2.316（2020）
8	FIELD CROPS RESEARCH	3	11	9	5.224（2020）
9	FRONTIERS IN PLANT SCIENCE	3	6	6	5.753（2020）
10	JOURNAL OF THEORETICAL BIOLOGY	3	3	3	2.691（2020）

1.5　合作发文国家与地区 TOP10

2011—2020 年内蒙古自治区农牧业科学院 SCI 合作发文国家与地区（合作发文 1 篇以上）TOP10 见表 1-5。

表 1-5　2011—2020 年内蒙古自治区农牧业科学院 SCI 合作发文国家与地区 TOP10

排序	国家与地区	合作发文量（篇）	WOS 所有数据库总被引频次	WOS 核心库被引频次
1	美国	22	58	53
2	加拿大	10	73	66
3	澳大利亚	9	17	15
4	日本	6	25	23
5	荷兰	5	9	7
6	苏格兰	3	21	19
7	波兰	2	19	17
8	德国	2	2	2
9	韩国	2	1	1

注：全部 SCI 合作发文国家与地区（合作发文 1 篇以上）数量不足 10 个。

1.6　合作发文机构 TOP10

2011—2020 年内蒙古自治区农牧业科学院 SCI 合作发文机构 TOP10 见表 1-6。

表 1-6　2011—2020 年内蒙古自治区农牧业科学院 SCI 合作发文机构 TOP10

排序	合作发文机构	发文量（篇）	WOS 所有数据库总被引频次	WOS 核心库被引频次
1	内蒙古农业大学	50	60	55
2	内蒙古大学	25	35	31
3	中国农业科学院	22	70	58
4	中国农业大学	20	71	62
5	中华人民共和国农业农村部	12	27	23
6	中国科学院大学	12	12	10

（续表）

排序	合作发文机构	发文量（篇）	WOS 所有数据库总被引频次	WOS 核心库被引频次
7	沈阳农业大学	8	11	10
8	内蒙古医科大学	8	6	5
9	澳大利亚西澳大学	7	17	15
10	美国伊利诺伊大学	7	14	14

1.7 高频词 TOP20

2011—2020 年内蒙古自治区农牧业科学院 SCI 发文高频词（作者关键词）TOP20 见表 1-7。

表 1-7　2011—2020 年内蒙古自治区农牧业科学院 SCI 发文高频词（作者关键词）TOP20

排序	关键词（作者关键词）	频次	排序	关键词（作者关键词）	频次
1	oxidative stress	6	11	Optimal matched segments	3
2	Cashmere goat	6	12	Potato	3
3	wheat	5	13	ISSR	3
4	RNA-Seq	5	14	Polymorphism	3
5	Introns	4	15	Hair follicle	3
6	drought stress	4	16	Gene expression	3
7	Climate change	4	17	fermentation quality	3
8	Genetic diversity	4	18	Chinese cabbage	2
9	lactation	4	19	Ribosomal protein genes	2
10	melatonin	3	20	bovine mammary epithelial cell	2

2　中文期刊论文分析

2011—2020 年，内蒙古自治区农牧业科学院作者共发表北大中文核心期刊论文 989 篇，中国科学引文数据库（CSCD）期刊论文 476 篇。

2.1　发文量

2011—2020 年内蒙古自治区农牧业科学院中文文献历年发文趋势（2011—2020 年）见图 2-1。

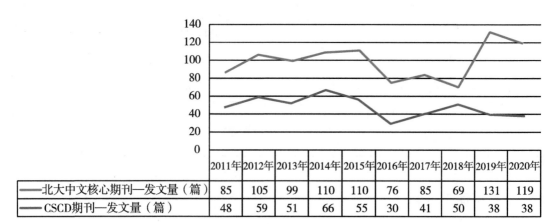

	2011年	2012年	2013年	2014年	2015年	2016年	2017年	2018年	2019年	2020年
北大中文核心期刊—发文量（篇）	85	105	99	110	110	76	85	69	131	119
CSCD期刊—发文量（篇）	48	59	51	66	55	30	41	50	38	38

图 2-1　内蒙古自治区农牧业科学院中文文献历年发文趋势（2011—2020 年）

2.2　高发文研究所 TOP10

2011—2020 年内蒙古自治区农牧业科学院北大中文核心期刊高发文研究所 TOP10 见表 2-1，2011—2020 年内蒙古自治区农牧业科学院中国科学引文数据库（CSCD）期刊高发文研究所 TOP10 见表 2-2。

表 2-1　2011—2020 年内蒙古自治区农牧业科学院北大中文核心期刊高发文研究所 TOP10

单位：篇

排序	研究所	发文量
1	内蒙古自治区农牧业科学院	331
2	内蒙古自治区农牧业科学院赤峰分院	270
3	内蒙古自治区农牧业科学院动物营养与饲料研究所	100
4	内蒙古自治区农牧业科学院资源环境与检测技术研究所	85
5	中国科学院内蒙古草业研究中心	48
6	巴彦淖尔市农牧业科学研究院	42
7	内蒙古自治区农牧业科学院植物保护研究所	36
8	内蒙古自治区农牧业科学院蔬菜研究所	27
9	内蒙古自治区农牧业科学院特色作物研究所	18
10	内蒙古自治区农牧业科学院兽医研究所	14
11	内蒙古自治区农牧业科学院畜牧研究所	12

注："内蒙古自治区农牧业科学院"发文包括作者单位只标注为"内蒙古自治区农牧业科学院"、院属实验室等。

表2-2　2011—2020年内蒙古自治区农牧业科学院CSCD期刊高发文研究所TOP10　　单位：篇

排序	研究所	发文量
1	内蒙古自治区农牧业科学院	165
2	内蒙古自治区农牧业科学院赤峰分院	74
3	内蒙古自治区农牧业科学院资源环境与检测技术研究所	59
4	内蒙古自治区农牧业科学院动物营养与饲料研究所	57
5	内蒙古自治区农牧业科学院植物保护研究所	32
6	中国科学院内蒙古草业研究中心	29
7	巴彦淖尔市农牧业科学研究院	19
8	内蒙古自治区农牧业科学院蔬菜研究所	14
9	内蒙古自治区农牧业科学院作物育种与栽培研究所	7
10	内蒙古自治区农牧业科学院特色作物研究所	5
10	内蒙古自治区农牧业科学院畜牧研究所	5
10	内蒙古自治区农牧业科学院生物技术研究中心	5
11	内蒙古自治区农牧业科学院兽医研究所	4

注："内蒙古自治区农牧业科学院"发文包括作者单位只标注为"内蒙古自治区农牧业科学院"、院属实验室等。

2.3　高发文期刊TOP10

2011—2020年内蒙古自治区农牧业科学院高发文北大中文核心期刊TOP10见表2-3，2011—2020年内蒙古自治区农牧业科学院高发文CSCD期刊TOP10见表2-4。

表2-3　2011—2020年内蒙古自治区农牧业科学院高发文期刊（北大中文核心）TOP10

单位：篇

排序	期刊名称	发文量	排序	期刊名称	发文量
1	动物营养学报	76	6	作物杂志	38
2	华北农学报	63	7	饲料研究	37
3	黑龙江畜牧兽医	60	8	北方园艺	27
4	饲料工业	45	9	中国畜牧兽医	26
5	种子	43	10	内蒙古农业大学学报（自然科学版）	25

表2-4　2011—2020年内蒙古自治区农牧业科学院高发文期刊（CSCD）TOP10　　单位：篇

排序	期刊名称	发文量	排序	期刊名称	发文量
1	动物营养学报	71	2	华北农学报	58

（续表）

排序	期刊名称	发文量	排序	期刊名称	发文量
3	中国草地学报	19	7	中国油料作物学报	12
4	作物杂志	16	8	农业工程学报	11
5	草业科学	14	9	草地学报	11
6	种子	13	10	中国农业科学	11

2.4 合作发文机构 TOP10

2011—2020 年内蒙古自治区农牧业科学院北大中文核心期刊合作发文机构 TOP10 见表 2-5，2011—2020 年内蒙古自治区农牧业科学院 CSCD 期刊合作发文机构 TOP10 见表 2-6。

表 2-5 2011—2020 年内蒙古自治区农牧业科学院北大中文核心期刊合作发文机构 TOP10

单位：篇

排序	合作发文机构	发文量	排序	合作发文机构	发文量
1	内蒙古农业大学	329	6	内蒙古民族大学	25
2	中国农业科学院	64	7	内蒙古医科大学	11
3	内蒙古大学	57	8	吉林大学	9
4	中国科学院	50	9	内蒙古师范大学	9
5	中国农业大学	46	10	呼和浩特民族学院	8

表 2-6 2011—2020 年内蒙古自治区农牧业科学院 CSCD 期刊合作发文机构 TOP10 单位：篇

排序	合作发文机构	发文量	排序	合作发文机构	发文量
1	内蒙古农业大学	175	6	内蒙古民族大学	16
2	中国农业科学院	60	7	内蒙古师范大学	8
3	内蒙古大学	37	8	内蒙古医科大学	8
4	中国科学院	36	9	沈阳农业大学	6
5	中国农业大学	33	10	西北农林科技大学	6

宁夏农林科学院

1 英文期刊论文分析

分析数据来源于科学引文索引数据库（Web of Science，WOS）收录文献类型为期刊论文（ARTICLE）、会议论文（PROCEEDINGS PAPER）和述评（REVIEW）的 Science Citation Index Expanded（SCIE）论文数据，数据时间范围为 2011—2020 年，共检索到宁夏农林科学院作者发表的论文 154 篇。

1.1 发文量

2011—2020 年宁夏农林科学院历年 SCI 发文与被引情况见表 1-1，宁夏农林科学院英文文献历年发文趋势（2011—2020 年）见图 1-1。

表 1-1　2011—2020 年宁夏农林科学院历年 SCI 发文与被引情况

出版年	发文量（篇）	WOS 所有数据库总被引频次	WOS 核心库被引频次
2011 年	1	0	0
2012 年	3	51	29
2013 年	3	14	12
2014 年	9	63	51
2015 年	8	78	60
2016 年	14	40	34
2017 年	18	74	60
2018 年	14	4	4
2019 年	32	15	15
2020 年	52	20	19

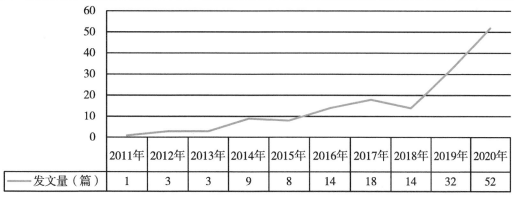

图 1-1　宁夏农林科学院英文文献历年发文趋势（2011—2020 年）

1.2 发文期刊 JCR 分区

2011—2020 年宁夏农林科学院 SCI 发文期刊 WOSJCR 分区情况见表 1-2，宁夏农林科学院 SCI 发文期刊 WOSJCR 分区趋势（2011—2020 年）见图 1-2。

表 1-2　2011—2020 年宁夏农林科学院 SCI 发文期刊 WOSJCR 分区情况

排序	出版年	Q1 区发文量（篇）	Q2 区发文量（篇）	Q3 区发文量（篇）	Q4 区发文量（篇）	其他发文量（篇）
1	2011 年	0	0	0	0	1
2	2012 年	2	0	1	0	0
3	2013 年	0	2	0	1	0
4	2014 年	5	0	2	0	2
5	2015 年	5	1	2	0	0
6	2016 年	6	3	4	1	0
7	2017 年	12	2	3	1	0
8	2018 年	6	6	1	1	0
9	2019 年	16	7	6	3	0
10	2020 年	27	15	8	2	0

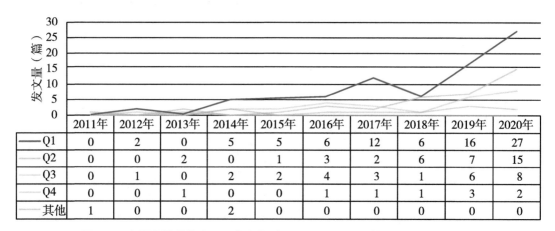

	2011年	2012年	2013年	2014年	2015年	2016年	2017年	2018年	2019年	2020年
Q1	0	2	0	5	5	6	12	6	16	27
Q2	0	0	2	0	1	3	2	6	7	15
Q3	0	1	0	2	2	4	3	1	6	8
Q4	0	0	1	0	0	1	1	1	3	2
其他	1	0	0	2	0	0	0	0	0	0

图 1-2　宁夏农林科学院 SCI 发文期刊 WOSJCR 分区趋势（2011—2020 年）

1.3 高发文研究所 TOP10

2011—2020 年宁夏农林科学院 SCI 高发文研究所 TOP10 见表 1-3。

表 1-3　2011—2020 年宁夏农林科学院 SCI 高发文研究所 TOP10　　　　单位：篇

排序	研究所	发文量
1	宁夏农林科学院农作物研究所	23

（续表）

排序	研究所	发文量
2	宁夏农林科学院枸杞工程技术研究所	23
3	宁夏农林科学院荒漠化治理研究所	21
4	宁夏农林科学院动物科学研究所	16
5	宁夏农林科学院农业资源与环境研究所	13
6	宁夏农林科学院农业生物技术研究中心	11
7	宁夏农林科学院植物保护研究所	9
8	宁夏农林科学院种质资源研究所	2
9	宁夏农林科学院固原分院	1
10	宁夏农林科学院农业经济与信息技术研究所	1

1.4 高发文期刊 TOP10

2011—2020 年宁夏农林科学院 SCI 高发文期刊 TOP10 见表 1-4。

表 1-4 2011—2020 年宁夏农林科学院 SCI 高发文期刊 TOP10

排序	期刊名称	发文量（篇）	WOS 所有数据库总被引频次	WOS 核心库被引频次	期刊影响因子（最近年度）
1	SCIENTIFIC REPORTS	11	29	27	4.379（2020）
2	PLOS ONE	7	37	28	3.24（2020）
3	FRONTIERS IN PLANT SCIENCE	7	4	4	5.753（2020）
4	JOURNAL OF AGRICULTURAL AND FOOD CHEMISTRY	4	3	3	5.279（2020）
5	FIELD CROPS RESEARCH	3	34	17	5.224（2020）
6	MOLECULAR BIOLOGY AND EVOLUTION	3	32	27	16.24（2020）
7	BMC GENOMICS	3	10	8	3.969（2020）
8	MOLECULES	3	4	4	4.411（2020）
9	JOURNAL OF FUNCTIONAL FOODS	3	0	0	4.451（2020）
10	CATENA	2	8	8	5.198（2020）

1.5 合作发文国家与地区 TOP10

2011—2020 年宁夏农林科学院 SCI 合作发文国家与地区（合作发文 1 篇以上）TOP10

见表 1-5。

表 1-5　2011—2020 年宁夏农林科学院 SCI 合作发文国家与地区 TOP10

排序	国家与地区	合作发文量（篇）	WOS 所有数据库总被引频次	WOS 核心库被引频次
1	加拿大	7	15	9
2	美国	6	31	24
3	巴基斯坦	6	28	23
4	澳大利亚	6	6	5
5	芬兰	5	40	33
6	肯尼亚	5	33	28
7	威尔士	3	22	18
8	伊朗	3	22	18
9	荷兰	3	12	11
10	捷克共和国	3	5	5

1.6　合作发文机构 TOP10

2011—2020 年宁夏农林科学院 SCI 合作发文机构 TOP10 见表 1-6。

表 1-6　2011—2020 年宁夏农林科学院 SCI 合作发文机构 TOP10

排序	合作发文机构	发文量（篇）	WOS 所有数据库总被引频次	WOS 核心库被引频次
1	中国农业科学院	34	111	86
2	西北农林科技大学	31	40	36
3	中国科学院	23	114	99
4	中国农业大学	19	49	31
5	南京农业大学	17	58	47
6	宁夏医科大学	14	45	37
7	中国科学院大学	9	41	34
8	宁夏大学	8	2	1
9	云南农业大学	6	46	39
10	内蒙古农业大学	6	39	32

1.7　高频词 TOP20

2011—2020 年宁夏农林科学院 SCI 发文高频词（作者关键词）TOP20 见表 1-7。

表1-7 2011—2020年宁夏农林科学院SCI发文高频词（作者关键词）TOP20

排序	关键词（作者关键词）	频次	排序	关键词（作者关键词）	频次
1	Irrigation	4	11	drought tolerance	2
2	Glycyrrhiza uralensis	3	12	Simulated rainfall	2
3	soil erosion	3	13	Wheat	2
4	SNP	3	14	Antioxidant enzymes	2
5	Silicon	3	15	Ovis aries	2
6	Lycium barbarum L	2	16	Lycium barbarum	2
7	salt tolerance	2	17	ABA	2
8	Water use efficiency	2	18	Osmotic adjustment	2
9	Genetic map	2	19	photosynthesis	2
10	Yield	2	20	Quality	2

2 中文期刊论文分析

2011—2020年，宁夏农林科学院作者共发表北大中文核心期刊论文1 652篇，中国科学引文数据库（CSCD）期刊论文803篇。

2.1 发文量

2011—2020年宁夏农林科学院中文文献历年发文趋势（2011—2020年）见图2-1。

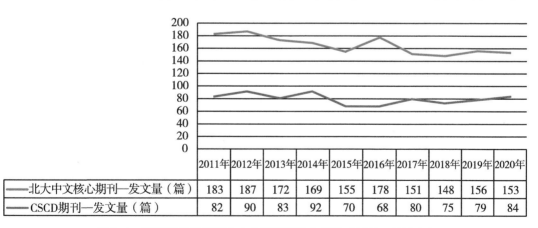

	2011年	2012年	2013年	2014年	2015年	2016年	2017年	2018年	2019年	2020年
北大中文核心期刊—发文量（篇）	183	187	172	169	155	178	151	148	156	153
CSCD期刊—发文量（篇）	82	90	83	92	70	68	80	75	79	84

图2-1 宁夏农林科学院中文文献历年发文趋势（2011—2020年）

2.2 高发文研究所TOP10

2011—2020年宁夏农林科学院北大中文核心期刊高发文研究所TOP10见表2-1，

2011—2020年宁夏农林科学院中国科学引文数据库（CSCD）期刊高发文研究所 TOP10 见表 2-2。

表 2-1　2011—2020 年宁夏农林科学院北大中文核心期刊高发文研究所 TOP10　　单位：篇

排序	研究所	发文量
1	宁夏农林科学院农业资源与环境研究所	223
2	宁夏农林科学院种质资源研究所	222
3	宁夏农林科学院动物科学研究所	201
4	宁夏农林科学院植物保护研究所	191
5	宁夏农林科学院农业生物技术研究中心	162
6	宁夏农林科学院农作物研究所	153
7	宁夏农林科学院荒漠化治理研究所	146
8	宁夏农林科学院枸杞工程技术研究所	126
9	宁夏农林科学院固原分院	82
10	宁夏农林科学院质量标准与检测技术研究所	60

表 2-2　2011—2020 年宁夏农林科学院 CSCD 期刊高发文研究所 TOP10　　单位：篇

排序	研究所	发文量
1	宁夏农林科学院农业资源与环境研究所	131
2	宁夏农林科学院荒漠化治理研究所	122
3	宁夏农林科学院农业生物技术研究中心	118
4	宁夏农林科学院植物保护研究所	113
5	宁夏农林科学院农作物研究所	104
6	宁夏农林科学院种质资源研究所	67
7	宁夏农林科学院枸杞工程技术研究所	55
8	宁夏农林科学院固原分院	37
9	宁夏农林科学院质量标准与检测技术研究所	28
10	宁夏农林科学院动物科学研究所	18

2.3 高发文期刊 TOP10

2011—2020 年宁夏农林科学院高发文北大中文核心期刊 TOP10 见表 2-3，2011—2020 年宁夏农林科学院高发文 CSCD 期刊 TOP10 见表 2-4。

表 2-3 2011—2020 年宁夏农林科学院高发文期刊（北大中文核心）TOP10　　单位：篇

排序	期刊名称	发文量	排序	期刊名称	发文量
1	北方园艺	213	6	种子	44
2	黑龙江畜牧兽医	134	7	中国农学通报	40
3	西北农业学报	95	8	分子植物育种	36
4	江苏农业科学	92	9	节水灌溉	34
5	安徽农业科学	65	10	水土保持研究	30

表 2-4 2011—2020 年宁夏农林科学院高发文期刊（CSCD）TOP10　　单位：篇

排序	期刊名称	发文量	排序	期刊名称	发文量
1	西北农业学报	88	6	麦类作物学报	27
2	中国农学通报	49	7	农药	19
3	分子植物育种	35	8	西北植物学报	17
4	水土保持研究	29	9	植物保护	16
5	干旱地区农业研究	29	10	中国土壤与肥料	16

2.4 合作发文机构 TOP10

2011—2020 年宁夏农林科学院北大中文核心期刊合作发文机构 TOP10 见表 2-5，2011—2020 年宁夏农林科学院 CSCD 期刊合作发文机构 TOP10 见表 2-6。

表 2-5 2011—2020 年宁夏农林科学院北大中文核心期刊合作发文机构 TOP10　　单位：篇

排序	合作发文机构	发文量	排序	合作发文机构	发文量
1	宁夏大学	259	6	宁夏畜牧工作站	23
2	中国农业科学院	87	7	宁夏医科大学	21
3	西北农林科技大学	63	8	国家农业智能装备工程技术研究中心	18
4	北方民族大学	26	9	中国科学院	17
5	中国农业大学	25	10	南京农业大学	14

表 2-6　2011—2020 年宁夏农林科学院 CSCD 期刊合作发文机构 TOP10　　　单位：篇

排序	合作发文机构	发文量	排序	合作发文机构	发文量
1	宁夏大学	157	6	宁夏医科大学	16
2	中国农业科学院	73	7	国家农业智能装备工程技术研究中心	14
3	西北农林科技大学	56	8	甘肃农业大学	13
4	中国农业大学	20	9	中国林业科学研究院森林生态环境与保护研究所	12
5	中国科学院	18	10	南京农业大学	12

山东省农业科学院

1 英文期刊论文分析

分析数据来源于科学引文索引数据库（Web of Science，WOS）收录文献类型为期刊论文（ARTICLE）、会议论文（PROCEEDINGS PAPER）和述评（REVIEW）的 Science Citation Index Expanded（SCIE）论文数据，数据时间范围为 2011—2020 年，共检索到山东省农业科学院作者发表的论文 1 820 篇。

1.1 发文量

2011—2020 年山东省农业科学院历年 SCI 发文与被引情况见表 1-1，山东省农业科学院英文文献历年发文趋势（2011—2020 年）见图 1-1。

表 1-1 2011—2020 年山东省农业科学院历年 SCI 发文与被引情况

出版年	发文量（篇）	WOS 所有数据库总被引频次	WOS 核心库被引频次
2011 年	115	2 567	2 091
2012 年	129	2970	2664
2013 年	144	1409	1215
2014 年	147	1369	1206
2015 年	155	896	797
2016 年	202	638	580
2017 年	175	750	690
2018 年	226	263	244
2019 年	265	44	44
2020 年	262	105	104

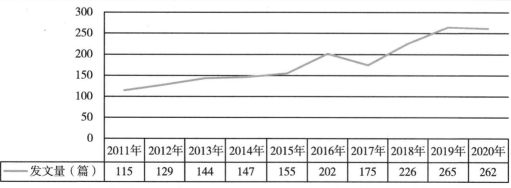

	2011年	2012年	2013年	2014年	2015年	2016年	2017年	2018年	2019年	2020年
发文量（篇）	115	129	144	147	155	202	175	226	265	262

图 1-1 山东省农业科学院英文文献历年发文趋势（2011—2020 年）

1.2　发文期刊JCR分区

2011—2020年山东省农业科学院SCI发文期刊WOSJCR分区情况见表1-2，山东省农业科学院SCI发文期刊WOSJCR分区趋势（2011—2020年）见图1-2。

表1-2　2011—2020年山东省农业科学院SCI发文期刊WOSJCR分区情况

排序	出版年	Q1区发文量（篇）	Q2区发文量（篇）	Q3区发文量（篇）	Q4区发文量（篇）	其他发文量（篇）
1	2011年	24	35	33	10	13
2	2012年	45	31	23	24	6
3	2013年	46	36	35	16	11
4	2014年	51	45	30	15	6
5	2015年	63	34	29	21	8
6	2016年	71	53	39	20	19
7	2017年	88	40	30	11	6
8	2018年	87	65	45	27	2
9	2019年	107	87	41	29	1
10	2020年	134	79	24	21	4

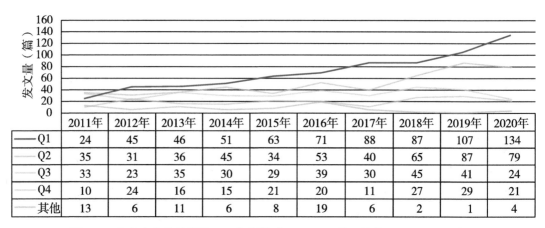

	2011年	2012年	2013年	2014年	2015年	2016年	2017年	2018年	2019年	2020年
Q1	24	45	46	51	63	71	88	87	107	134
Q2	35	31	36	45	34	53	40	65	87	79
Q3	33	23	35	30	29	39	30	45	41	24
Q4	10	24	16	15	21	20	11	27	29	21
其他	13	6	11	6	8	19	6	2	1	4

图1-2　山东省农业科学院SCI发文期刊WOSJCR分区趋势（2011—2020年）

1.3　高发文研究所TOP10

2011—2020年山东省农业科学院SCI高发文研究所TOP10见表1-3。

表1-3　2011—2020年山东省农业科学院SCI高发文研究所TOP10　　　　　　　单位：篇

排序	研究所	发文量
1	山东省农业科学院作物研究所	308

（续表）

排序	研究所	发文量
2	山东省农业科学院生物技术研究中心	198
3	山东省果树研究所	185
4	山东省农业科学院畜牧兽医研究所	184
5	山东省农业科学院农产品研究所	139
6	山东棉花研究中心	120
7	山东省农业科学院奶牛研究中心	115
8	山东省农业科学院植物保护研究所	104
9	山东省农业科学院农业质量标准与检测技术研究所	83
9	山东省水稻研究所	83
10	山东省农业科学院家禽研究所	79

1.4 高发文期刊 TOP10

2011—2020 年山东省农业科学院 SCI 高发文期刊 TOP10 见表 1-4。

表 1-4 2011—2020 年山东省农业科学院 SCI 高发文期刊 TOP10

排序	期刊名称	发文量（篇）	WOS 所有数据库总被引频次	WOS 核心库被引频次	期刊影响因子（最近年度）
1	PLOS ONE	84	626	539	3.24（2020）
2	SCIENTIFIC REPORTS	55	142	135	4.379（2020）
3	FRONTIERS IN PLANT SCIENCE	47	141	128	5.753（2020）
4	BMC GENOMICS	35	275	255	3.969（2020）
5	INTERNATIONAL JOURNAL OF MOLECULAR SCIENCES	31	51	48	5.923（2020）
6	BMC PLANT BIOLOGY	28	157	129	4.215（2020）
7	FIELD CROPS RESEARCH	27	288	226	5.224（2020）
8	JOURNAL OF INTEGRATIVE AGRICULTURE	21	20	18	2.848（2020）
9	MOLECULAR BIOLOGY REPORTS	16	121	109	2.316（2020）
10	VETERINARY MICROBIOLOGY	16	82	77	3.293（2020）

1.5 合作发文国家与地区 TOP10

2011—2020 年山东省农业科学院 SCI 合作发文国家与地区（合作发文 1 篇以上）TOP10 见表 1-5。

表 1-5　2011—2020 年山东省农业科学院 SCI 合作发文国家与地区 TOP10

排序	国家与地区	合作发文量 （篇）	WOS 所有数据库 总被引频次	WOS 核心库 被引频次
1	美国	197	3 374	3 116
2	澳大利亚	33	358	320
3	新西兰	27	819	737
4	日本	23	1 501	1 436
5	印度	18	2 079	1 950
6	加拿大	18	75	68
7	德国	16	1 288	1 247
8	法国	13	1 378	1 328
9	埃及	12	86	76
10	墨西哥	11	10	9

1.6　合作发文机构 TOP10

2011—2020 年山东省农业科学院 SCI 合作发文机构 TOP10 见表 1-6。

表 1-6　2011—2020 年山东省农业科学院 SCI 合作发文机构 TOP10

排序	合作发文机构	发文量 （篇）	WOS 所有数据库 总被引频次	WOS 核心库 被引频次
1	山东农业大学	271	1 462	1 239
2	山东师范大学	208	700	636
3	中国农业科学院	185	3 259	2 926
4	山东大学	153	691	622
5	中国农业大学	124	1 825	1 718
6	中国科学院	120	1 906	1 768
7	青岛农业大学	74	1 626	1 519
8	南京农业大学	70	396	347
9	西北农林科技大学	45	99	85
10	浙江大学	31	155	135

1.7　高频词 TOP20

2011—2020 年山东省农业科学院 SCI 发文高频词（作者关键词）TOP20 见表 1-7。

表 1-7　2011—2020 年山东省农业科学院 SCI 发文高频词（作者关键词）TOP20

排序	关键词（作者关键词）	频次	排序	关键词（作者关键词）	频次
1	Cotton	35	11	phylogenetic analysis	16
2	peanut	34	12	MicroRNA	16
3	Rice	30	13	Apoptosis	15
4	gene expression	29	14	expression analysis	14
5	Maize	28	15	RNA-Seq	14
6	Wheat	27	16	Oryza sativa	13
7	Transcriptome	26	17	Bovine	13
8	yield	22	18	tomato	13
9	Mastitis	21	19	Photosynthesis	13
10	salt stress	18	20	Anthocyanin	13

2　中文期刊论文分析

2011—2020 年，山东省农业科学院作者共发表北大中文核心期刊论文 3 661 篇，中国科学引文数据库（CSCD）期刊论文 2 308 篇。

2.1　发文量

2011—2020 年山东省农业科学院中文文献历年发文趋势（2011—2020 年）见图 2-1。

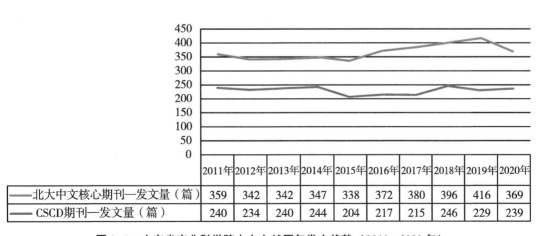

	2011年	2012年	2013年	2014年	2015年	2016年	2017年	2018年	2019年	2020年
北大中文核心期刊—发文量（篇）	359	342	342	347	338	372	380	396	416	369
CSCD期刊—发文量（篇）	240	234	240	244	204	217	215	246	229	239

图 2-1　山东省农业科学院中文文献历年发文趋势（2011—2020 年）

2.2 高发文研究所 TOP10

2011—2020年山东省农业科学院北大中文核心期刊高发文研究所 TOP10 见表 2-1，2011—2020 年山东省农业科学院中国科学引文数据库（CSCD）期刊高发文研究所 TOP10 见表 2-2。

表 2-1　2011—2020 年山东省农业科学院北大中文核心期刊高发文研究所 TOP10　单位：篇

排序	研究所	发文量
1	山东省果树研究所	535
2	山东省花生研究所	344
3	山东省农业科学院畜牧兽医研究所	339
4	山东省农业科学院植物保护研究所	334
5	山东省农业科学院农产品研究所	275
6	山东省农业科学院生物技术研究中心	226
7	山东省农业科学院作物研究所	225
8	山东省农业科学院家禽研究所	191
9	山东省农业科学院农业资源与环境研究所	175
10	山东省农业机械科学研究院	163

表 2-2　2011—2020 年山东省农业科学院 CSCD 期刊高发文研究所 TOP10　单位：篇

排序	研究所	发文量
1	山东省果树研究所	338
2	山东省农业科学院植物保护研究所	281
3	山东省花生研究所	219
4	山东省农业科学院作物研究所	186
5	山东省农业科学院生物技术研究中心	184
6	山东省农业科学院畜牧兽医研究所	182
7	山东省农业科学院农业资源与环境研究所	135
8	山东省农业科学院农产品研究所	125
9	山东棉花研究中心	95
10	山东省农业科学院蔬菜花卉研究所	91

2.3　高发文期刊 TOP10

2011—2020 年山东省农业科学院高发文北大中文核心期刊 TOP10 见表 2-3，2011—2020 年山东省农业科学院高发文 CSCD 期刊 TOP10 见表 2-4。

表 2-3　2011—2020 年山东省农业科学院高发文期刊（北大中文核心）TOP10　　单位：篇

排序	期刊名称	发文量	排序	期刊名称	发文量
1	核农学报	123	6	中国油料作物学报	75
2	花生学报	102	7	中国农学通报	73
3	中国农业科学	99	8	农药	71
4	北方园艺	84	9	果树学报	70
5	江苏农业科学	76	10	安徽农业科学	65

表 2-4　2011—2020 年山东省农业科学院高发文期刊（CSCD）TOP10　　单位：篇

排序	期刊名称	发文量	排序	期刊名称	发文量
1	核农学报	115	6	植物遗传资源学报	58
2	中国农业科学	105	7	农药	57
3	中国农学通报	88	8	植物保护学报	57
4	中国油料作物学报	77	9	应用昆虫学报	54
5	作物学报	58	10	分子植物育种	53

2.4　合作发文机构 TOP10

2011—2020 年山东省农业科学院北大中文核心期刊合作发文机构 TOP10 见表 2-5，2011—2020 年山东省农业科学院 CSCD 期刊合作发文机构 TOP10 见表 2-6。

表 2-5　2011—2020 年山东省农业科学院北大中文核心期刊合作发文机构 TOP10　单位：篇

排序	合作发文机构	发文量	排序	合作发文机构	发文量
1	山东农业大学	445	6	中国科学院	56
2	青岛农业大学	186	7	山东大学	54
3	中国农业科学院	133	8	湖南农业大学	54
4	山东师范大学	107	9	沈阳农业大学	43
5	中国农业大学	81	10	齐鲁工业大学	43

表 2-6   2011—2020 年山东省农业科学院 CSCD 期刊合作发文机构 TOP10   单位：篇

排序	合作发文机构	发文量	排序	合作发文机构	发文量
1	山东农业大学	348	6	湖南农业大学	48
2	青岛农业大学	121	7	中国农业大学	48
3	中国农业科学院	110	8	沈阳农业大学	36
4	山东师范大学	87	9	山东大学	27
5	中国科学院	53	10	南京农业大学	23

上海市农业科学院

1 英文期刊论文分析

分析数据来源于科学引文索引数据库（Web of Science，WOS）收录文献类型为期刊论文（ARTICLE）、会议论文（PROCEEDINGS PAPER）和述评（REVIEW）的 Science Citation Index Expanded（SCIE）论文数据，数据时间范围为 2011—2020 年，共检索到上海市农业科学院作者发表的论文 1 255篇。

1.1 发文量

2011—2020 年上海市农业科学院历年 SCI 发文与被引情况见表 1-1，上海市农业科学院英文文献历年发文趋势（2011—2020 年）见图 1-1。

表 1-1　2011—2020 年上海市农业科学院历年 SCI 发文与被引情况

出版年	发文量（篇）	WOS 所有数据库总被引频次	WOS 核心库被引频次
2011 年	66	800	656
2012 年	72	803	680
2013 年	70	707	590
2014 年	78	741	635
2015 年	102	680	577
2016 年	132	384	341
2017 年	112	365	340
2018 年	172	120	109
2019 年	215	32	30
2020 年	236	77	75

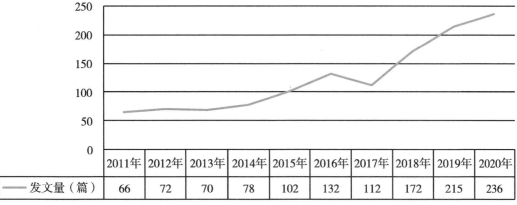

图 1-1　上海市农业科学院英文文献历年发文趋势（2011—2020 年）

1.2 发文期刊 JCR 分区

2011—2020 年上海市农业科学院 SCI 发文期刊 WOSJCR 分区情况见表 1-2，上海市农业科学院 SCI 发文期刊 WOSJCR 分区趋势（2011—2020 年）见图 1-2。

表 1-2 2011—2020 年上海市农业科学院 SCI 发文期刊 WOSJCR 分区情况

排序	出版年	Q1 区发文量（篇）	Q2 区发文量（篇）	Q3 区发文量（篇）	Q4 区发文量（篇）	其他发文量（篇）
1	2011 年	11	26	13	9	7
2	2012 年	25	14	18	8	7
3	2013 年	24	16	18	8	4
4	2014 年	25	26	20	6	1
5	2015 年	36	26	16	23	1
6	2016 年	49	40	25	12	6
7	2017 年	43	29	20	20	0
8	2018 年	68	54	33	15	2
9	2019 年	96	66	29	14	10
10	2020 年	136	57	18	24	1

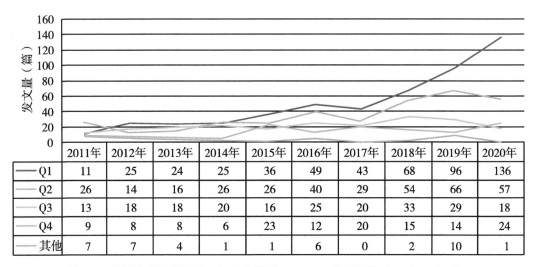

	2011年	2012年	2013年	2014年	2015年	2016年	2017年	2018年	2019年	2020年
Q1	11	25	24	25	36	49	43	68	96	136
Q2	26	14	16	26	26	40	29	54	66	57
Q3	13	18	18	20	16	25	20	33	29	18
Q4	9	8	8	6	23	12	20	15	14	24
其他	7	7	4	1	1	6	0	2	10	1

图 1-2 上海市农业科学院 SCI 发文期刊 WOSJCR 分区趋势（2011—2020 年）

1.3 高发文研究所 TOP10

2011—2020 年上海市农业科学院 SCI 高发文研究所 TOP10 见表 1-3。

表 1-3　2011—2020 年上海市农业科学院 SCI 高发文研究所 TOP10　　　　　　单位：篇

排序	研究所	发文量
1	上海市农业科学院食用菌研究所	207
2	上海市农业科学院生物技术研究所	182
3	上海市农业科学院生态环境保护研究所	176
4	上海市农业科学院畜牧兽医研究所	166
5	上海市农业科学院农产品质量标准与检测技术研究所	113
6	上海市农业生物基因中心	109
7	上海市农业科学院林木果树研究所	66
8	上海市农业科学院设施园艺研究所	58
9	上海市农业科学院作物育种栽培研究所	35
10	上海市农业科学院农业科技信息研究所	23

1.4　高发文期刊 TOP10

2011—2020 年上海市农业科学院 SCI 高发文期刊 TOP10 见表 1-4。

表 1-4　2011—2020 年上海市农业科学院 SCI 高发文期刊 TOP10

排序	期刊名称	发文量（篇）	WOS 所有数据库总被引频次	WOS 核心库被引频次	期刊影响因子（最近年度）
1	SCIENTIFIC REPORTS	45	63	60	4.379（2020）
2	PLOS ONE	42	313	268	3.24（2020）
3	INTERNATIONAL JOURNAL OF MEDICINAL MUSHROOMS	39	100	83	1.921（2020）
4	MOLECULAR BIOLOGY REPORTS	24	298	228	2.316（2020）
5	FOOD CHEMISTRY	19	78	55	7.514（2020）
6	INTERNATIONAL JOURNAL OF BIOLOGICAL MACROMOLECULES	18	72	59	6.953（2020）
7	SCIENTIA HORTICULTURAE	18	67	47	3.463（2020）
8	MOLECULES	18	3	3	4.411（2020）
9	FOOD CONTROL	15	125	118	5.548（2020）

（续表）

排序	期刊名称	发文量（篇）	WOS 所有数据库总被引频次	WOS 核心库被引频次	期刊影响因子（最近年度）
10	ECOLOGICAL ENGINEERING	15	111	93	4.035（2020）

1.5 合作发文国家与地区 TOP10

2011—2020 年上海市农业科学院 SCI 合作发文国家与地区（合作发文 1 篇以上）TOP10 见表 1-5。

表 1-5   2011—2020 年上海市农业科学院 SCI 合作发文国家与地区 TOP10

排序	国家与地区	合作发文量（篇）	WOS 所有数据库总被引频次	WOS 核心库被引频次
1	比利时	122	522	500
2	美国	120	512	445
3	加拿大	25	242	193
4	日本	25	149	126
5	英格兰	19	124	120
6	德国	18	64	55
7	澳大利亚	17	89	79
8	墨西哥	9	12	11
9	丹麦	9	5	4
10	荷兰	8	42	39

1.6 合作发文机构 TOP10

2011—2020 年上海市农业科学院 SCI 合作发文机构 TOP10 见表 1-6。

表 1-6   2011—2020 年上海市农业科学院 SCI 合作发文机构 TOP10

排序	合作发文机构	发文量（篇）	WOS 所有数据库总被引频次	WOS 核心库被引频次
1	中国农业科学院	133	245	229
2	南京农业大学	125	608	501
3	列日大学（比利时）	94	142	139
4	上海交通大学	90	524	472
5	中国科学院	82	401	342

（续表）

排序	合作发文机构	发文量（篇）	WOS 所有数据库总被引频次	WOS 核心库被引频次
6	浙江大学	59	232	203
7	复旦大学	47	167	145
8	中国农业大学	46	213	185
9	上海海洋大学	40	83	74
10	扬州大学	35	284	227

1.7 高频词 TOP20

2011—2020 年上海市农业科学院 SCI 发文高频词（作者关键词）TOP20 见表 1-7。

表 1-7 2011—2020 年上海市农业科学院 SCI 发文高频词（作者关键词）TOP20

排序	关键词（作者关键词）	频次	排序	关键词（作者关键词）	频次
1	medicinal mushrooms	33	11	Lentinula edodes	13
2	Gene expression	21	12	Arabidopsis thaliana	11
3	rice	20	13	Transgenic Arabidopsis	11
4	Polysaccharide	20	14	Phytoremediation	11
5	Ganoderma lucidum	19	15	RNA-seq	11
6	Pichia pastoris	19	16	Hericium erinaceus	10
7	Arabidopsis	16	17	Transcription factor	10
8	apoptosis	15	18	Mycotoxin	10
9	nucleopolyhedrovirus	14	19	Laccase	10
10	Volvariella volvacea	13	20	Oxidative stress	10

2 中文期刊论文分析

2011—2020 年，上海市农业科学院作者共发表北大中文核心期刊论文 2 209 篇，中国科学引文数据库（CSCD）期刊论文 1 897 篇。

2.1 发文量

2011—2020 年上海市农业科学院中文文献历年发文趋势（2011—2020 年）见图 2-1。

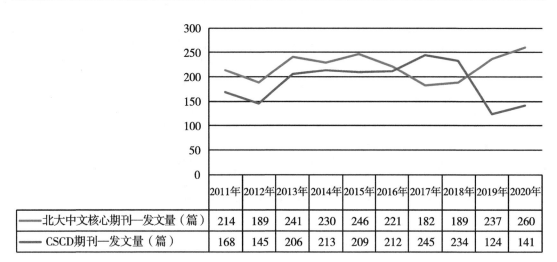

	2011年	2012年	2013年	2014年	2015年	2016年	2017年	2018年	2019年	2020年
北大中文核心期刊—发文量（篇）	214	189	241	230	246	221	182	189	237	260
CSCD期刊—发文量（篇）	168	145	206	213	209	212	245	234	124	141

图2-1 上海市农业科学院中文文献历年发文趋势（2011—2020年）

2.2 高发文研究所 TOP10

2011—2020年上海市农业科学院北大中文核心期刊高发文研究所TOP10见表2-1，2011—2020年上海市农业科学院中国科学引文数据库（CSCD）期刊高发文研究所TOP10见表2-2。

表2-1 2011—2020年上海市农业科学院北大中文核心期刊高发文研究所TOP10　单位：篇

排序	研究所	发文量
1	上海市农业科学院食用菌研究所	531
2	上海市农业科学院生态环境保护研究所	502
3	上海市农业科学院林木果树研究所	413
4	上海市农业科学院设施园艺研究所	373
5	上海市农业科学院畜牧兽医研究所	250
6	上海市农业科学院生物技术研究所	201
7	上海市农业科学院农产品质量标准与检测技术研究所	190
8	上海市农业科学院	184
9	上海市农业科学院作物育种栽培研究所	157
10	上海市农业科学院农业科技信息研究所	150
11	上海市农业生物基因中心	96

注："上海市农业科学院"发文包括作者单位只标注为"上海市农业科学院"、院属实验室等。

表2-2 2011—2020年上海市农业科学院CSCD期刊高发文研究所TOP10　单位：篇

排序	研究所	发文量
1	上海市农业科学院食用菌研究所	422

（续表）

排序	研究所	发文量
2	上海市农业科学院生态环境保护研究所	286
3	上海市农业科学院设施园艺研究所	229
4	上海市农业科学院畜牧兽医研究所	191
5	上海市农业科学院林木果树研究所	169
6	上海市农业科学院农产品质量标准与检测技术研究所	161
6	上海市农业科学院作物育种栽培研究所	161
7	上海市农业科学院	131
8	上海市农业科学院生物技术研究所	128
9	上海市农业生物基因中心	99
10	上海市农业科学院农业科技信息研究所	98

注："上海市农业科学院"发文包括作者单位只标注为"上海市农业科学院"、院属实验室等。

2.3 高发文期刊 TOP10

2011—2020 年上海市农业科学院高发文北大中文核心期刊 TOP10 见表 2-3，2011—2020 年上海市农业科学院高发文 CSCD 期刊 TOP10 见表 2-4。

表 2-3 2011—2020 年上海市农业科学院高发文期刊（北大中文核心）TOP10 单位：篇

排序	期刊名称	发文量	排序	期刊名称	发文量
1	上海农业学报	585	6	植物生理学报	50
2	食用菌学报	205	7	编辑学报	43
3	菌物学报	90	8	中国家禽	39
4	分子植物育种	56	9	食品科学	38
5	核农学报	55	10	中国农学通报	36

表 2-4 2011—2020 年上海市农业科学院高发文期刊（CSCD）TOP10 单位：篇

排序	期刊名称	发文量	排序	期刊名称	发文量
1	上海农业学报	699	6	核农学报	48
2	食用菌学报	132	7	中国农学通报	46
3	菌物学报	86	8	食品科学	35
4	分子植物育种	62	9	微生物学通报	35
5	植物生理学报	49	10	果树学报	30

2.4 合作发文机构 TOP10

2011—2020年上海市农业科学院北大中文核心期刊合作发文机构 TOP10 见表 2-5，2011—2020年上海市农业科学院 CSCD 期刊合作发文机构 TOP10 见表 2-6。

表 2-5　2011—2020 年上海市农业科学院北大中文核心期刊合作发文机构 TOP10　单位：篇

排序	合作发文机构	发文量	排序	合作发文机构	发文量
1	上海海洋大学	198	6	上海师范大学	32
2	南京农业大学	153	7	中国科学院	30
3	上海交通大学	54	8	上海理工大学	28
4	扬州大学	34	9	华东理工大学	25
5	上海市农业技术推广服务中心	34	10	华中农业大学	24

表 2-6　2011—2020 年上海市农业科学院 CSCD 期刊合作发文机构 TOP10　单位：篇

排序	合作发文机构	发文量	排序	合作发文机构	发文量
1	上海海洋大学	183	6	上海师范大学	24
2	南京农业大学	124	7	中国科学院	24
3	上海市农业技术推广服务中心	35	8	扬州大学	21
4	上海交通大学	32	9	华东理工大学	20
5	上海理工大学	29	10	华中农业大学	20

四川省农业科学院

1 英文期刊论文分析

分析数据来源于科学引文索引数据库（Web of Science，WOS）收录文献类型为期刊论文（ARTICLE）、会议论文（PROCEEDINGS PAPER）和述评（REVIEW）的 Science Citation Index Expanded（SCIE）论文数据，数据时间范围为 2011—2020 年，共检索到四川省农业科学院作者发表的论文 716 篇。

1.1 发文量

2011—2020 年四川省农业科学院历年 SCI 发文与被引情况见表 1-1，四川省农业科学院英文文献历年发文趋势（2011—2020 年）见图 1-1。

表 1-1 2011—2020 年四川省农业科学院历年 SCI 发文与被引情况

出版年	发文量（篇）	WOS 所有数据库总被引频次	WOS 核心库被引频次
2011 年	26	282	250
2012 年	29	577	496
2013 年	36	548	467
2014 年	40	622	552
2015 年	70	383	329
2016 年	91	227	196
2017 年	84	239	201
2018 年	92	120	115
2019 年	112	11	10
2020 年	136	51	51

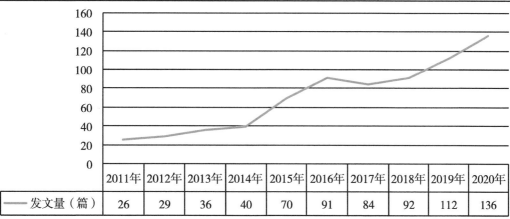

图 1-1 四川省农业科学院英文文献历年发文趋势（2011—2020 年）

1.2 发文期刊 JCR 分区

2011—2020 年四川省农业科学院 SCI 发文期刊 WOSJCR 分区情况见表 1-2，四川省农业科学院 SCI 发文期刊 WOSJCR 分区趋势（2011—2020 年）见图 1-2。

表 1-2　2011—2020 年四川省农业科学院 SCI 发文期刊 WOSJCR 分区情况

排序	出版年	Q1 区发文量（篇）	Q2 区发文量（篇）	Q3 区发文量（篇）	Q4 区发文量（篇）	其他发文量（篇）
1	2011 年	3	3	3	6	11
2	2012 年	8	5	8	5	3
3	2013 年	12	8	5	10	1
4	2014 年	8	11	9	10	2
5	2015 年	24	8	18	10	10
6	2016 年	27	21	13	21	9
7	2017 年	37	13	14	16	4
8	2018 年	43	23	16	10	0
9	2019 年	44	31	16	19	2
10	2020 年	70	37	13	12	4

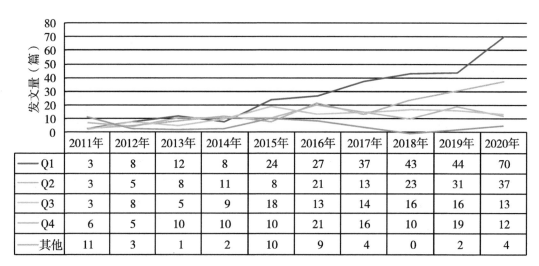

图 1-2　四川省农业科学院 SCI 发文期刊 WOSJCR 分区趋势（2011—2020 年）

1.3 高发文研究所 TOP10

2011—2020 年四川省农业科学院 SCI 高发文研究所 TOP10 见表 1-3。

表1-3　2011—2020年四川省农业科学院SCI高发文研究所TOP10　　　　单位：篇

排序	研究所	发文量
1	四川省农业科学院作物研究所	141
2	四川省农业科学院土壤肥料研究所	138
3	四川省农业科学院生物技术核技术研究所	89
4	四川省农业科学院植物保护研究所	75
5	四川省农业科学院水产研究所	59
6	四川省农业科学院园艺研究所	48
7	四川省农业科学院农产品加工研究所	37
7	四川省农业科学院水稻高粱研究所	37
8	四川省农业科学院分析测试中心、质量标准与检测技术研究所	33
9	四川省农业科学院经济作物研究所	22
10	四川省农业科学院蚕业研究所	11

1.4　高发文期刊TOP10

2011—2020年四川省农业科学院SCI高发文期刊TOP10见表1-4。

表1-4　2011—2020年四川省农业科学院SCI高发文期刊TOP10

排序	期刊名称	发文量（篇）	WOS所有数据库总被引频次	WOS核心库被引频次	期刊影响因子（最近年度）
1	PLOS ONE	26	113	92	3.24（2020）
2	SCIENTIFIC REPORTS	25	46	42	4.379（2020）
3	MITOCHONDRIAL DNA PART B-RESOURCES	19	1	1	0.658（2020）
4	JOURNAL OF INTEGRATIVE AGRICULTURE	16	26	22	2.848（2020）
5	FRONTIERS IN PLANT SCIENCE	15	26	26	5.753（2020）
6	INTERNATIONAL JOURNAL OF MOLECULAR SCIENCES	14	55	51	5.923（2020）
7	INTERNATIONAL JOURNAL OF AGRICULTURE AND BIOLOGY	13	2	2	0.822（2019）
8	THEORETICAL AND APPLIED GENETICS	12	157	149	5.699（2020）
9	MITOCHONDRIAL DNA PART A	10	6	5	1.514（2020）

排序	期刊名称	发文量（篇）	WOS 所有数据库总被引频次	WOS 核心库被引频次	期刊影响因子（最近年度）
10	FIELD CROPS RESEARCH	9	20	18	5.224（2020）

1.5　合作发文国家与地区 TOP10

2011—2020 年四川省农业科学院 SCI 合作发文国家与地区（合作发文 1 篇以上）TOP10 见表 1-5。

表 1-5　2011—2020 年四川省农业科学院 SCI 合作发文国家与地区 TOP10

排序	国家与地区	合作发文量（篇）	WOS 所有数据库总被引频次	WOS 核心库被引频次
1	美国	55	615	564
2	澳大利亚	22	370	349
3	德国	11	93	86
4	墨西哥	10	111	107
5	加拿大	9	309	288
6	法国	8	322	304
7	比利时	8	98	94
8	英格兰	7	478	434
9	新西兰	7	26	22
10	芬兰	7	21	19

1.6　合作发文机构 TOP10

2011—2020 年四川省农业科学院 SCI 合作发文机构 TOP10 见表 1-6。

表 1-6　2011—2020 年四川省农业科学院 SCI 合作发文机构 TOP10

排序	合作发文机构	发文量（篇）	WOS 所有数据库总被引频次	WOS 核心库被引频次
1	四川农业大学	192	506	430
2	四川大学	75	359	316
3	中国科学院	73	582	517
4	中国农业科学院	54	658	602

（续表）

排序	合作发文机构	发文量（篇）	WOS 所有数据库总被引频次	WOS 核心库被引频次
5	西南大学	33	373	336
6	中国农业大学	30	232	195
7	中国电子科技大学	27	75	69
8	华中农业大学	26	550	506
9	南京农业大学	16	214	178
10	成都大学	16	17	15

1.7 高频词 TOP20

2011—2020 年四川省农业科学院 SCI 发文高频词（作者关键词）TOP20 见表 1-7。

表 1-7 2011—2020 年四川省农业科学院 SCI 发文高频词（作者关键词）TOP20

排序	关键词（作者关键词）	频次	排序	关键词（作者关键词）	频次
1	Phylogenetic analysis	24	11	maize	8
2	Mitochondrial genome	21	12	hybrid rice	8
3	Wheat	21	13	QTL	8
4	transcriptome	14	14	mitogenome	7
5	Rice	14	15	SNP	7
6	Taxonomy	13	16	yellow rust	7
7	Triticum aestivum	13	17	Differentially expressed genes	6
8	Grain yield	12	18	Acipenser dabryanus	6
9	genetic diversity	9	19	Entolomataceae	6
10	Phylogeny	9	20	complete mitochondrial genome	6

2 中文期刊论文分析

2011—2020 年，四川省农业科学院作者共发表北大中文核心期刊论文 2 324 篇，中国科学引文数据库（CSCD）期刊论文 1 703 篇。

2.1 发文量

2011—2020 年四川省农业科学院中文文献历年发文趋势（2011—2020 年）见图 2-1。

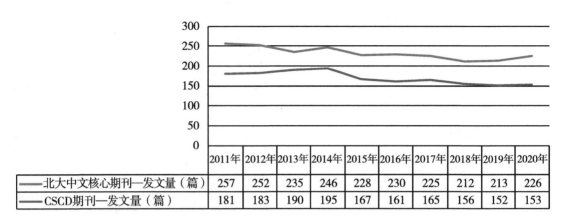

	2011年	2012年	2013年	2014年	2015年	2016年	2017年	2018年	2019年	2020年
北大中文核心期刊—发文量（篇）	257	252	235	246	228	230	225	212	213	226
CSCD期刊—发文量（篇）	181	183	190	195	167	161	165	156	152	153

图 2-1　四川省农业科学院中文文献历年发文趋势（2011—2020 年）

2.2　高发文研究所 TOP10

2011—2020 年四川省农业科学院北大中文核心期刊高发文研究所 TOP10 见表 2-1，2011—2020 年四川省农业科学院中国科学引文数据库（CSCD）期刊高发文研究所 TOP10 见表 2-2。

表 2-1　2011—2020 年四川省农业科学院北大中文核心期刊高发文研究所 TOP10　单位：篇

排序	研究所	发文量
1	四川省农业科学院土壤肥料研究所	442
2	四川省农业科学院作物研究所	297
3	四川省农业科学院植物保护研究所	241
4	四川省农业科学院园艺研究所	230
5	四川省农业科学院水稻高粱研究所	200
6	四川省农业科学院分析测试中心、质量标准与检测技术研究所	159
7	四川省农业科学院	158
8	四川省农业科学院生物技术核技术研究所	145
9	四川省农业科学院农产品加工研究所	109
10	四川省农业科学院蚕业研究所	101
11	四川省农业科学院农业信息与农村经济研究所	100

注："四川省农业科学院"发文包括作者单位只标注为"四川省农业科学院"、院属实验室等。

表 2-2　2011—2020 年四川省农业科学院 CSCD 期刊高发文研究所 TOP10　单位：篇

排序	研究所	发文量
1	四川省农业科学院土壤肥料研究所	355

（续表）

排序	研究所	发文量
2	四川省农业科学院作物研究所	258
3	四川省农业科学院植物保护研究所	200
4	四川省农业科学院园艺研究所	146
5	四川省农业科学院水稻高粱研究所	133
6	四川省农业科学院生物技术核技术研究所	124
7	四川省农业科学院分析测试中心、质量标准与检测技术研究所	119
8	四川省农业科学院	86
9	四川省农业科学院蚕业研究所	84
10	四川省农业科学院农业信息与农村经济研究所	65
11	四川省农业科学院农产品加工研究所	60

注："四川省农业科学院"发文包括作者单位只标注为"四川省农业科学院"、院属实验室等。

2.3 高发文期刊 TOP10

2011—2020 年四川省农业科学院高发文北大中文核心期刊 TOP10 见表 2-3，2011—2020 年四川省农业科学院高发文 CSCD 期刊 TOP10 见表 2-4。

表 2-3　2011—2020 年四川省农业科学院高发文期刊（北大中文核心）TOP10　　单位：篇

排序	期刊名称	发文量	排序	期刊名称	发文量
1	西南农业学报	547	6	江苏农业科学	38
2	杂交水稻	80	7	作物学报	38
3	安徽农业科学	69	8	蚕业科学	37
4	中国农业科学	40	9	北方园艺	36
5	分子植物育种	39	10	湖北农业科学	36

表 2-4　2011—2020 年四川省农业科学院高发文期刊（CSCD）TOP10　　单位：篇

排序	期刊名称	发文量	排序	期刊名称	发文量
1	西南农业学报	534	6	作物学报	35
2	杂交水稻	80	7	中国农学通报	34
3	分子植物育种	49	8	核农学报	34
4	蚕业科学	37	9	南方农业学报	29
5	中国农业科学	36	10	麦类作物学报	29

2.4 合作发文机构 TOP10

2011—2020 年四川省农业科学院北大中文核心期刊合作发文机构 TOP10 见表 2-5，2011—2020 年四川省农业科学院 CSCD 期刊合作发文机构 TOP10 见表 2-6。

表 2-5　2011—2020 年四川省农业科学院北大中文核心期刊合作发文机构 TOP10　　单位：篇

排序	合作发文机构	发文量	排序	合作发文机构	发文量
1	四川农业大学	338	6	中国科学院	34
2	四川大学	126	7	国家水稻改良中心	30
3	中国农业科学院	120	8	中国气象局成都高原气象研究所	25
4	西南大学	49	9	四川省烟草公司	25
5	西北农林科技大学	45	10	四川师范大学	22

表 2-6　2011—2020 年四川省农业科学院 CSCD 期刊合作发文机构 TOP10　　单位：篇

排序	合作发文机构	发文量	排序	合作发文机构	发文量
1	四川农业大学	282	6	中国科学院	29
2	中国农业科学院	83	7	四川省烟草公司	23
3	四川大学	75	8	中国气象局成都高原气象研究所	21
4	西南大学	44	9	西华师范大学	16
5	西北农林科技大学	29	10	四川省农业厅植物保护站	16

天津市农业科学院

1 英文期刊论文分析

分析数据来源于科学引文索引数据库（Web of Science，WOS）收录文献类型为期刊论文（ARTICLE）、会议论文（PROCEEDINGS PAPER）和述评（REVIEW）的 Science Citation Index Expanded（SCIE）论文数据，数据时间范围为 2011—2020 年，共检索到天津市农业科学院作者发表的论文 179 篇。

1.1 发文量

2011—2020 年天津市农业科学院历年 SCI 发文与被引情况见表 1-1，天津市农业科学院英文文献历年发文趋势（2011—2020 年）见图 1-1。

表 1-1　2011—2020 年天津市农业科学院历年 SCI 发文与被引情况

出版年	发文量（篇）	WOS 所有数据库总被引频次	WOS 核心库被引频次
2011 年	7	91	71
2012 年	7	133	106
2013 年	15	226	193
2014 年	8	105	99
2015 年	13	111	92
2016 年	21	56	52
2017 年	22	118	109
2018 年	17	25	24
2019 年	30	2	2
2020 年	39	11	10

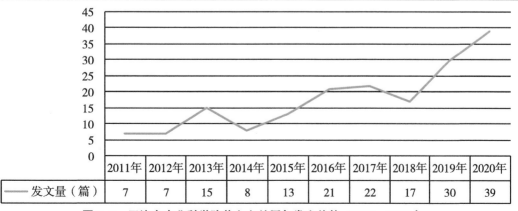

图 1-1　天津市农业科学院英文文献历年发文趋势（2011—2020 年）

1.2 发文期刊 JCR 分区

2011—2020 年天津市农业科学院 SCI 发文期刊 WOSJCR 分区情况见表 1-2，天津市农业科学院 SCI 发文期刊 WOSJCR 分区趋势（2011—2020 年）见图 1-2。

表 1-2 2011—2020 年天津市农业科学院 SCI 发文期刊 WOSJCR 分区情况

排序	出版年	Q1 区发文量（篇）	Q2 区发文量（篇）	Q3 区发文量（篇）	Q4 区发文量（篇）	其他发文量（篇）
1	2011 年	0	2	0	0	5
2	2012 年	3	1	2	0	1
3	2013 年	7	5	0	1	2
4	2014 年	3	2	2	1	0
5	2015 年	5	4	2	1	1
6	2016 年	10	4	3	3	1
7	2017 年	12	4	3	3	0
8	2018 年	8	6	2	1	0
9	2019 年	15	10	2	3	0
10	2020 年	16	15	6	2	0

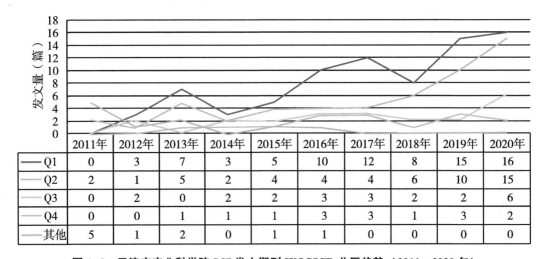

	2011年	2012年	2013年	2014年	2015年	2016年	2017年	2018年	2019年	2020年
Q1	0	3	7	3	5	10	12	8	15	16
Q2	2	1	5	2	4	4	4	6	10	15
Q3	0	2	0	2	2	3	3	2	2	6
Q4	0	0	1	1	1	3	3	1	3	2
其他	5	1	2	0	1	1	0	0	0	0

图 1-2 天津市农业科学院 SCI 发文期刊 WOSJCR 分区趋势（2011—2020 年）

1.3 高发文研究所 TOP10

2011—2020 年天津市农业科学院 SCI 高发文研究所 TOP10 见表 1-3。

表 1-3 2011—2020 年天津市农业科学院 SCI 高发文研究所 TOP10　　　　　单位：篇

排序	研究所	发文量
1	国家农产品保鲜工程技术研究中心（天津）	39

（续表）

排序	研究所	发文量
2	天津市农作物（水稻）研究所	26
3	天津市植物保护研究所	24
4	天津市农业质量标准与检测技术研究所	20
5	天津市畜牧兽医研究所	12
6	天津市林业果树研究所	7
7	天津市农业科学院信息研究所	2
8	天津市农村经济与区划研究所	1
8	天津科润农业科技股份有限公司蔬菜研究所	1
8	天津市园艺工程研究所	1
8	天津市农业资源与环境研究所	1

1.4 高发文期刊 TOP10

2011—2020 年天津市农业科学院 SCI 高发文期刊 TOP10 见表 1-4。

表 1-4 2011—2020 年天津市农业科学院 SCI 高发文期刊 TOP10

排序	期刊名称	发文量（篇）	WOS 所有数据库总被引频次	WOS 核心库被引频次	期刊影响因子（最近年度）
1	POSTHARVEST BIOLOGY AND TECHNOLOGY	7	64	59	5.537（2020）
2	PLOS ONE	6	87	84	3.24（2020）
3	SCIENTIFIC REPORTS	5	83	67	4.379（2020）
4	AGRICULTURAL WATER MANAGEMENT	5	18	14	4.516（2020）
5	FRONTIERS IN PLANT SCIENCE	4	6	6	5.753（2020）
6	JOURNAL OF VIROLOGY	3	67	54	5.103（2020）
7	JOURNAL OF AGRICULTURAL AND FOOD CHEMISTRY	3	17	17	5.279（2020）
8	FOOD CHEMISTRY	3	17	17	7.514（2020）
9	JOURNAL OF INTEGRATIVE AGRICULTURE	3	2	1	2.848（2020）
10	INTERNATIONAL JOURNAL OF MOLECULAR SCIENCES	3	0	0	5.923（2020）

1.5 合作发文国家与地区 TOP10

2011—2020 年天津市农业科学院 SCI 合作发文国家与地区（合作发文 1 篇以上）TOP10 见表 1-5。

表 1-5 2011—2020 年天津市农业科学院 SCI 合作发文国家与地区 TOP10

排序	国家与地区	合作发文量（篇）	WOS 所有数据库总被引频次	WOS 核心库被引频次
1	美国	34	326	291
2	丹麦	17	55	49
3	德国	3	14	8
4	加拿大	2	5	5
5	新西兰	2	3	2
6	罗马尼亚	2	0	0
7	荷兰	2	0	0

注：全部 SCI 合作发文国家与地区（合作发文 1 篇以上）数量不足 10 个。

1.6 合作发文机构 TOP10

2011—2020 年天津市农业科学院 SCI 合作发文机构 TOP10 见表 1-6。

表 1-6 2011—2020 年天津市农业科学院 SCI 合作发文机构 TOP10

排序	合作发文机构	发文量（篇）	WOS 所有数据库总被引频次	WOS 核心库被引频次
1	中国农业科学院	47	392	332
2	中国农业大学	25	115	109
3	哥本哈根大学	17	55	49
4	天津大学	17	29	17
5	中国科学院	14	27	26
6	天津科技大学	13	55	53
7	南开大学	13	44	41
8	天津农学院	12	34	30
9	天津商业大学	10	40	38
10	西北农林科技大学	9	74	59

1.7 高频词 TOP20

2011—2020 年天津市农业科学院 SCI 发文高频词（作者关键词）TOP20 见表 1-7。

表 1-7 2011—2020 年天津市农业科学院 SCI 发文高频词（作者关键词）TOP20

排序	关键词（作者关键词）	频次	排序	关键词（作者关键词）	频次
1	Agaricus bisporus	4	11	Arma chinensis	3
2	Transcriptome	4	12	Gene expression	3
3	sheep	3	13	1-Methylcyclopropene	3
4	cold chain	3	14	Photosynthesis	3
5	Table grapes	3	15	Nitrogen	3
6	Antioxidant activity	3	16	rice	3
7	Tomato	3	17	weaned piglet	2
8	Escherichia coli O157：H7	3	18	Postharvest diseases	2
9	Salt stress	3	19	Trehalose synthase	2
10	Browning	3	20	storage quality	2

2 中文期刊论文分析

2011—2020 年，天津市农业科学院作者共发表北大中文核心期刊论文 1 297 篇，中国科学引文数据库（CSCD）期刊论文 426 篇。

2.1 发文量

2011—2020 年天津市农业科学院中文文献历年发文趋势（2011—2020 年）见图 2-1。

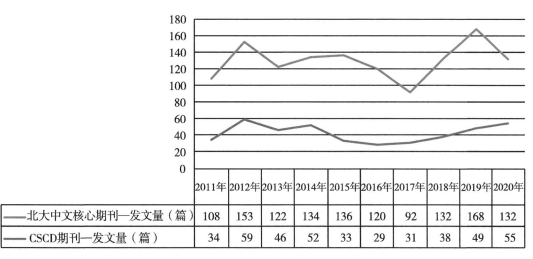

	2011年	2012年	2013年	2014年	2015年	2016年	2017年	2018年	2019年	2020年
北大中文核心期刊—发文量（篇）	108	153	122	134	136	120	92	132	168	132
CSCD期刊—发文量（篇）	34	59	46	52	33	29	31	38	49	55

图 2-1 天津市农业科学院中文文献历年发文趋势（2011—2020 年）

2.2 高发文研究所 TOP10

2011—2020 年天津市农业科学院北大中文核心期刊高发文研究所 TOP10 见表 2-1，
2011—2020 年天津市农业科学院中国科学引文数据库（CSCD）期刊高发文研究所 TOP10
见表 2-2。

表 2-1 2011—2020 年天津市农业科学院北大中文核心期刊高发文研究所 TOP10　单位：篇

排序	研究所	发文量
1	天津市畜牧兽医研究所	250
2	国家农产品保鲜工程技术研究中心（天津）	190
3	天津市农业科学院	151
4	天津科润农业科技股份有限公司蔬菜研究所	115
5	天津市农业资源与环境研究所	108
6	天津市林业果树研究所	94
7	天津市农业质量标准与检测技术研究所	88
8	天津科润农业科技股份有限公司	68
9	天津市植物保护研究所	62
10	天津市农村经济与区划研究所	56
11	天津市农作物（水稻）研究所	55

注："天津市农业科学院"发文包括作者单位只标注为"天津市农业科学院"、院属实验室等。

表 2-2 2011—2020 年天津市农业科学院 CSCD 期刊高发文研究所 TOP10　单位：篇

排序	研究所	发文量
1	天津市农业资源与环境研究所	78
2	天津市畜牧兽医研究所	69
3	天津市农业质量标准与检测技术研究所	61
4	天津市农作物（水稻）研究所	40
5	天津科润农业科技股份有限公司蔬菜研究所	34
6	天津市植物保护研究所	33
7	天津市林业果树研究所	32
8	天津市农业生物技术研究中心	27
9	天津市农业科学院	20
10	国家农产品保鲜工程技术研究中心（天津）	17
11	天津科润农业科技股份有限公司黄瓜研究所	15

注："天津市农业科学院"发文包括作者单位只标注为"天津市农业科学院"、院属实验室等。

2.3 高发文期刊 TOP10

2011—2020 年天津市农业科学院高发文北大中文核心期刊 TOP10 见表 2-3，2011—2020 年天津市农业科学院高发文 CSCD 期刊 TOP10 见表 2-4。

表 2-3 2011—2020 年天津市农业科学院高发文期刊（北大中文核心）TOP10　单位：篇

排序	期刊名称	发文量	排序	期刊名称	发文量
1	北方园艺	91	6	食品与发酵工业	46
2	中国蔬菜	69	7	食品科学	45
3	华北农学报	64	8	中国畜牧兽医	37
4	食品工业科技	59	9	饲料研究	36
5	食品研究与开发	46	10	保鲜与加工	33

表 2-4 2011—2020 年天津市农业科学院高发文期刊（CSCD）TOP10　单位：篇

排序	期刊名称	发文量	排序	期刊名称	发文量
1	华北农学报	55	6	畜牧兽医学报	12
2	中国农学通报	19	7	食品与发酵工业	12
3	园艺学报	16	8	中国农业科学	12
4	食品工业科技	13	9	南开大学学报·自然科学版	11
5	植物营养与肥料学报	12	10	食品科学	9

2.4 合作发文机构 TOP10

2011—2020 年天津市农业科学院北大中文核心期刊合作发文机构 TOP10 见表 2-5，2011—2020 年天津市农业科学院 CSCD 期刊合作发文机构 TOP10 见表 2-6。

表 2-5 2011—2020 年天津市农业科学院北大中文核心期刊合作发文机构 TOP10　单位：篇

排序	合作发文机构	发文量	排序	合作发文机构	发文量
1	中国农业科学院	99	6	中国农业大学	49
2	天津商业大学	77	7	南开大学	44
3	天津农学院	75	8	天津大学	42
4	沈阳农业大学	53	9	天津师范大学	40
5	大连工业大学	49	10	天津科技大学	33

表 2-6　2011—2020 年天津市农业科学院 CSCD 期刊合作发文机构 TOP10　　　　单位：篇

排序	合作发文机构	发文量	排序	合作发文机构	发文量
1	中国农业科学院	64	6	中国科学院	14
2	南开大学	24	7	天津师范大学	13
3	天津农学院	19	8	天津商业大学	12
4	天津大学	15	9	北京市农林科学院	8
5	中国农业大学	15	10	西北农林科技大学	8

西藏自治区农牧科学院

1 英文期刊论文分析

分析数据来源于科学引文索引数据库（Web of Science，WOS）收录文献类型为期刊论文（ARTICLE）、会议论文（PROCEEDINGS PAPER）和述评（REVIEW）的 Science Citation Index Expanded（SCIE）论文数据，数据时间范围为 2011—2020 年，共检索到西藏自治区农牧科学院作者发表的论文 192 篇。

1.1 发文量

2011—2020 年西藏自治区农牧科学院历年 SCI 发文与被引情况见表 1-1，西藏自治区农牧科学院英文文献历年发文趋势（2011—2020 年）见图 1-1。

表 1-1 2011—2020 年西藏自治区农牧科学院历年 SCI 发文与被引情况

出版年	发文量（篇）	WOS 所有数据库总被引频次	WOS 核心库被引频次
2011 年	0	0	0
2012 年	1	7	6
2013 年	3	13	11
2014 年	7	40	33
2015 年	18	72	61
2016 年	9	13	13
2017 年	19	30	28
2018 年	36	18	18
2019 年	46	6	6
2020 年	53	19	20

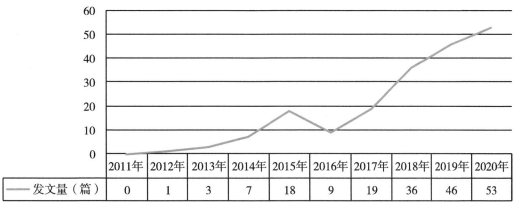

图 1-1 西藏自治区农牧科学院英文文献历年发文趋势（2011—2020 年）

1.2 发文期刊 JCR 分区

2011—2020 年西藏自治区农牧科学院 SCI 发文期刊 WOSJCR 分区情况见表 1-2，西藏自治区农牧科学院 SCI 发文期刊 WOSJCR 分区趋势（2011—2020 年）见图 1-2。

表 1-2 2011—2020 年西藏自治区农牧科学院 SCI 发文期刊 WOSJCR 分区情况

排序	出版年	Q1 区发文量（篇）	Q2 区发文量（篇）	Q3 区发文量（篇）	Q4 区发文量（篇）	其他发文量（篇）
1	2011 年	0	0	0	0	0
2	2012 年	0	0	0	1	0
3	2013 年	0	0	1	2	0
4	2014 年	2	2	0	3	0
5	2015 年	3	5	6	4	0
6	2016 年	2	2	1	1	3
7	2017 年	3	6	4	5	1
8	2018 年	5	11	7	13	0
9	2019 年	17	9	9	8	3
10	2020 年	23	17	5	8	0

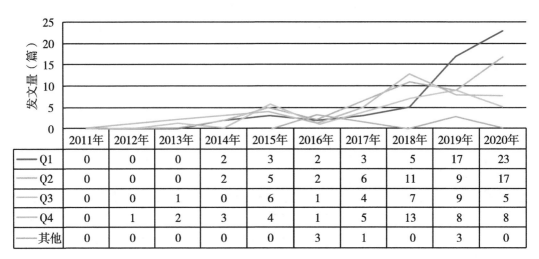

	2011年	2012年	2013年	2014年	2015年	2016年	2017年	2018年	2019年	2020年
Q1	0	0	0	2	3	2	3	5	17	23
Q2	0	0	0	2	5	2	6	11	9	17
Q3	0	0	1	0	6	1	4	7	9	5
Q4	0	1	2	3	4	1	5	13	8	8
其他	0	0	0	0	0	3	1	0	3	0

图 1-2 西藏自治区农牧科学院 SCI 发文期刊 WOSJCR 分区趋势（2011—2020 年）

1.3 高发文研究所 TOP10

2011—2020 年西藏自治区农牧科学院 SCI 高发文研究所 TOP10 见表 1-3。

表 1-3 2011—2020 年西藏自治区农牧科学院 SCI 高发文研究所 TOP10　　单位：篇

排序	研究所	发文量
1	西藏自治区农牧科学院畜牧兽医研究所	189

（续表）

排序	研究所	发文量
2	西藏自治区农牧科学院农业研究所	12
3	西藏自治区农牧科学院农业质量标准与检测研究所	4
3	西藏自治区农牧科学院草业科学研究所	4
4	西藏自治区农牧科学院农业资源与环境研究所	3

注：全部发文研究所数量不足10个。

1.4 高发文期刊 TOP10

2011—2020 年西藏自治区农牧科学院 SCI 高发文期刊 TOP10 见表 1-4。

表 1-4 2011—2020 年西藏自治区农牧科学院 SCI 高发文期刊 TOP10

排序	期刊名称	发文量（篇）	WOS 所有数据库总被引频次	WOS 核心库被引频次	期刊影响因子（最近年度）
1	MITOCHONDRIAL DNA PART B-RESOURCES	19	3	3	0.658（2020）
2	SCIENTIFIC REPORTS	7	0	0	4.379（2020）
3	BMC GENOMICS	6	7	7	3.969（2020）
4	JOURNAL OF APPLIED ICHTHYOLOGY	5	3	3	0.892（2020）
5	GENETICS AND MOLECULAR RESEARCH	5	3	3	0.764（2015）
6	POULTRY SCIENCE	4	1	1	3.352（2020）
7	SCIENTIFIC DATA	4	0	0	6.444（2020）
8	RSC ADVANCES	3	12	9	3.361（2020）
9	SYSTEMATIC AND APPLIED ACAROLOGY	3	10	10	1.421（2020）
10	BMC MICROBIOLOGY	3	9	8	3.605（2020）

1.5 合作发文国家与地区 TOP10

2011—2020 年西藏自治区农牧科学院 SCI 合作发文国家与地区（合作发文 1 篇以上）TOP10 见表 1-5。

表 1-5 2011—2020 年西藏自治区农牧科学院 SCI 合作发文国家与地区 TOP10

排序	国家与地区	合作发文量（篇）	WOS 所有数据库总被引频次	WOS 核心库被引频次
1	美国	9	10	10

（续表）

排序	国家与地区	合作发文量（篇）	WOS所有数据库总被引频次	WOS核心库被引频次
2	新西兰	3	8	7
3	德国	3	3	3
4	巴基斯坦	3	2	2
5	埃及	3	0	0
6	澳大利亚	2	1	1
7	土耳其	2	0	0

注：全部SCI合作发文国家与地区（合作发文1篇以上）数量不足10个。

1.6 合作发文机构TOP10

2011—2020年西藏自治区农牧科学院SCI合作发文机构TOP10见表1-6。

表1-6　2011—2020年西藏自治区农牧科学院SCI合作发文机构TOP10

排序	合作发文机构	发文量（篇）	WOS所有数据库总被引频次	WOS核心库被引频次
1	中国农业科学院	36	37	31
2	中国科学院	25	62	53
3	西南大学	24	20	17
4	四川农业大学	23	21	21
5	中国水产科学研究院	12	1	1
6	西南民族大学	11	2	3
7	中国科学院大学	9	48	40
8	西北农林科技大学	8	23	22
9	中国农业大学	8	6	5
10	武汉理工大学	8	1	1

1.7 高频词TOP20

2011—2020年西藏自治区农牧科学院SCI发文高频词（作者关键词）TOP20见表1-7。

表 1-7 2011—2020 年西藏自治区农牧科学院 SCI 发文高频词（作者关键词）TOP20

排序	关键词（作者关键词）	频次	排序	关键词（作者关键词）	频次
1	Mitochondrial genome	14	11	Yak	4
2	Phylogenetic analysis	8	12	Microbial community	3
3	phylogenetic	8	13	feeding	3
4	Tibet	6	14	Goat	3
5	Genetic Diversity	5	15	fasting	3
6	new species	4	16	Gibel carp	3
7	Tibetan hulless barley	4	17	cloning	3
8	China	4	18	phylogeny	3
9	Hordeum vulgare	4	19	RNA-Seq	3
10	Hulless barley	4	20	Dolichopodidae	2

2 中文期刊论文分析

2011—2020 年，西藏自治区农牧科学院作者共发表北大中文核心期刊论文 532 篇，中国科学引文数据库（CSCD）期刊论文 322 篇。

2.1 发文量

2011—2020 年西藏自治区农牧科学院中文文献历年发文趋势（2011—2020 年）见图 2-1。

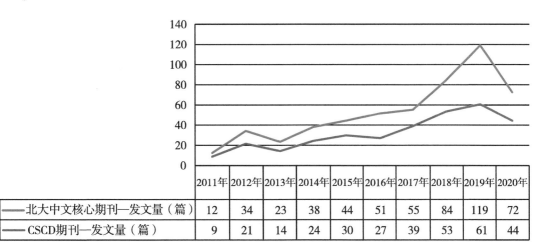

	2011年	2012年	2013年	2014年	2015年	2016年	2017年	2018年	2019年	2020年
北大中文核心期刊—发文量（篇）	12	34	23	38	44	51	55	84	119	72
CSCD期刊—发文量（篇）	9	21	14	24	30	27	39	53	61	44

图 2-1 西藏自治区农牧科学院中文文献历年发文趋势（2011—2020 年）

2.2 高发文研究所 TOP10

2011—2020 年西藏自治区农牧科学院北大中文核心期刊高发文研究所 TOP10 见表 2-1，2011—2020 年西藏自治区农牧科学院中国科学引文数据库（CSCD）期刊高发文研究所 TOP10 见表 2-2。

表 2-1　2011—2020 年西藏自治区农牧科学院北大中文核心期刊高发文研究所 TOP10　　单位：篇

排序	研究所	发文量
1	西藏自治区农牧科学院畜牧兽医研究所	145
2	西藏自治区农牧科学院	119
3	西藏自治区农牧科学院农业研究所	77
4	西藏自治区农牧科学院草业科学研究所	56
5	西藏自治区农牧科学院蔬菜研究所	51
6	西藏自治区农牧科学院水产科学研究所	50
7	西藏自治区农牧科学院农业质量标准与检测研究所	29
8	西藏自治区农牧科学院农业资源与环境研究所	26
9	西藏自治区农牧科学院院机关	4
10	西藏自治区农牧科学院网络中心	2

注："西藏自治区农牧科学院"发文包括作者单位只标注为"西藏自治区农牧科学院"、院属实验室等。

表 2-2　2011—2020 年西藏自治区农牧科学院 CSCD 期刊高发文研究所 TOP10　　单位：篇

排序	研究所	发文量
1	西藏自治区农牧科学院畜牧兽医研究所	75
2	西藏自治区农牧科学院	68
3	西藏自治区农牧科学院农业研究所	47
4	西藏自治区农牧科学院草业科学研究所	42
5	西藏自治区农牧科学院水产科学研究所	35
6	西藏自治区农牧科学院蔬菜研究所	33
7	西藏自治区农牧科学院农业质量标准与检测研究所	19
8	西藏自治区农牧科学院农业资源与环境研究所	18
9	西藏自治区农牧科学院院机关	2
10	西藏自治区农牧科学院网络中心	1

注："西藏自治区农牧科学院"发文包括作者单位只标注为"西藏自治区农牧科学院"、院属实验室等。

2.3 高发文期刊 TOP10

2011—2020 年西藏自治区农牧科学院高发文北大中文核心期刊 TOP10 见表 2-3，2011—2020 年西藏自治区农牧科学院高发文 CSCD 期刊 TOP10 见表 2-4。

表 2-3 2011—2020 年西藏自治区农牧科学院高发文期刊（北大中文核心）TOP10 单位：篇

排序	期刊名称	发文量	排序	期刊名称	发文量
1	西南农业学报	47	6	中国畜牧杂志	11
2	黑龙江畜牧兽医	23	7	中国畜牧兽医	11
3	麦类作物学报	21	8	水生生物学报	10
4	动物营养学报	14	9	中国水产科学	10
5	西北农业学报	12	10	作物杂志	10

表 2-4 2011—2020 年西藏自治区农牧科学院高发文期刊（CSCD）TOP10 单位：篇

排序	期刊名称	发文量	排序	期刊名称	发文量
1	西南农业学报	44	6	草地学报	9
2	麦类作物学报	17	7	基因组学与应用生物学	8
3	动物营养学报	12	8	草业科学	8
4	西北农业学报	11	9	中国草地学报	8
5	中国水产科学	9	10	水产科学	7

2.4 合作发文机构 TOP10

2011—2020 年西藏自治区农牧科学院北大中文核心期刊合作发文机构 TOP10 见表 2-5，2011—2020 年西藏自治区农牧科学院 CSCD 期刊合作发文机构 TOP10 见表 2-6。

表 2-5 2011—2020 年西藏自治区农牧科学院北大中文核心期刊合作发文机构 TOP10 单位：篇

排序	合作发文机构	发文量	排序	合作发文机构	发文量
1	中国农业科学院	66	6	甘肃农业大学	25
2	中国科学院	47	7	西北农林科技大学	21
3	西藏农牧学院	40	8	西藏大学	16
4	西南民族大学	37	9	西南大学	15
5	四川农业大学	28	10	湖南农业大学	15

表 2-6 2011—2020 年西藏自治区农牧科学院 CSCD 期刊合作发文机构 TOP10 单位：篇

排序	合作发文机构	发文量	排序	合作发文机构	发文量
1	中国农业科学院	43	6	甘肃农业大学	17
2	中国科学院	37	7	西北农林科技大学	12
3	西南民族大学	29	8	西南大学	11
4	西藏农牧学院	22	9	中国水产科学研究院	11
5	四川农业大学	20	10	湖南农业大学	10

新疆农垦科学院

1 英文期刊论文分析

分析数据来源于科学引文索引数据库（Web of Science，WOS）收录文献类型为期刊论文（ARTICLE）、会议论文（PROCEEDINGS PAPER）和述评（REVIEW）的 Science Citation Index Expanded（SCIE）论文数据，数据时间范围为 2011—2020 年，共检索到新疆农垦科学院作者发表的论文 218 篇。

1.1 发文量

2011—2020 年新疆农垦科学院历年 SCI 发文与被引情况见表 1-1，新疆农垦科学院英文文献历年发文趋势（2011—2020 年）见图 1-1。

表 1-1 2011—2020 年新疆农垦科学院历年 SCI 发文与被引情况

出版年	发文量（篇）	WOS 所有数据库总被引频次	WOS 核心库被引频次
2011 年	5	123	107
2012 年	10	45	25
2013 年	15	182	152
2014 年	13	121	106
2015 年	16	107	101
2016 年	14	28	24
2017 年	25	73	63
2018 年	21	12	12
2019 年	42	2	2
2020 年	57	21	21

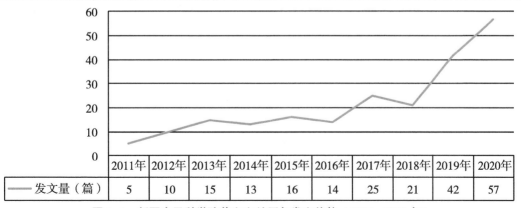

图 1-1 新疆农垦科学院英文文献历年发文趋势（2011—2020 年）

1.2 发文期刊 JCR 分区

2011—2020年新疆农垦科学院SCI发文期刊WOSJCR分区情况见表1-2，新疆农垦科学院SCI发文期刊WOSJCR分区趋势（2011—2020年）见图1-2。

表1-2 2011—2020年新疆农垦科学院SCI发文期刊WOSJCR分区情况

排序	出版年	Q1 区发文量（篇）	Q2 区发文量（篇）	Q3 区发文量（篇）	Q4 区发文量（篇）	其他发文量（篇）
1	2011年	1	1	0	2	1
2	2012年	1	1	2	3	3
3	2013年	3	5	2	3	2
4	2014年	1	7	0	4	1
5	2015年	7	2	5	1	1
6	2016年	2	6	2	3	1
7	2017年	8	3	8	5	1
8	2018年	6	9	2	4	0
9	2019年	21	8	9	4	0
10	2020年	21	15	6	14	1

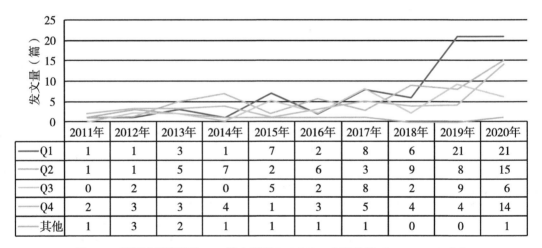

	2011年	2012年	2013年	2014年	2015年	2016年	2017年	2018年	2019年	2020年
Q1	1	1	3	1	7	2	8	6	21	21
Q2	1	1	5	7	2	6	3	9	8	15
Q3	0	2	2	0	5	2	8	2	9	6
Q4	2	3	3	4	1	3	5	4	4	14
其他	1	3	2	1	1	1	1	0	0	1

图1-2 新疆农垦科学院SCI发文期刊WOSJCR分区趋势（2011—2020年）

1.3 高发文研究所 TOP10

2011—2020年新疆农垦科学院SCI高发文研究所TOP10见表1-3。

表1-3 2011—2020年新疆农垦科学院SCI高发文研究所TOP10　　　　　单位：篇

排序	研究所	发文量
1	新疆农垦科学院棉花研究所	52

（续表）

排序	研究所	发文量
2	新疆农垦科学院畜牧兽医研究所	31
3	新疆农垦科学院农产品加工研究所	16
4	新疆农垦科学院作物研究所	13
4	新疆农垦科学院分析测试中心	13
5	新疆农垦科学院机械装备研究所	9
6	新疆农垦科学院植物保护研究所	5
7	新疆农垦科学院分子农业技术育种中心	1
7	新疆农垦科学院农田水利及土壤肥料研究所	1

注：全部发文研究所数量不足 10 个。

1.4 高发文期刊 TOP10

2011—2020 年新疆农垦科学院 SCI 高发文期刊 TOP10 见表 1-4。

表 1-4 2011—2020 年新疆农垦科学院 SCI 高发文期刊 TOP10

排序	期刊名称	发文量（篇）	WOS 所有数据库总被引频次	WOS 核心库被引频次	期刊影响因子（最近年度）
1	PLOS ONE	9	120	106	3.24（2020）
2	SCIENTIFIC REPORTS	8	12	10	4.379（2020）
3	SPECTROSCOPY AND SPECTRAL ANALYSIS	5	20	7	0.589（2020）
4	MOLECULAR BREEDING	5	15	12	2.589（2020）
5	ANIMAL GENETICS	4	8	7	3.169（2020）
6	KAFKAS UNIVERSITESI VETERINER FAKULTESI DERGISI	4	1	1	0.685（2020）
7	JOURNAL OF GENETICS	4	1	1	1.166（2020）
8	MICROCHIMICA ACTA	3	16	16	5.833（2020）
9	ANALYTICAL AND BIOANALYTICAL CHEMISTRY	3	15	14	4.142（2020）
10	JOURNAL OF SEPARATION SCIENCE	3	12	10	3.645（2020）

1.5 合作发文国家与地区 TOP10

2011—2020 年新疆农垦科学院 SCI 合作发文国家与地区（合作发文 1 篇以上）TOP10

见表 1-5。

表 1-5 2011—2020 年新疆农垦科学院 SCI 合作发文国家与地区 TOP10

排序	国家与地区	合作发文量（篇）	WOS 所有数据库总被引频次	WOS 核心库被引频次
1	美国	6	31	24
2	芬兰	6	16	13
3	澳大利亚	4	1	1
4	德国	3	24	13
5	巴基斯坦	3	6	6
6	苏格兰	3	1	1
7	捷克	3	1	1
8	俄罗斯	2	2	2
9	威尔士	2	1	1
10	加拿大	2	1	1

1.6 合作发文机构 TOP10

2011—2020 年新疆农垦科学院 SCI 合作发文机构 TOP10 见表 1-6。

表 1-6 2011—2020 年新疆农垦科学院 SCI 合作发文机构 TOP10

排序	合作发文机构	发文量（篇）	WOS 所有数据库总被引频次	WOS 核心库被引频次
1	石河子大学	68	69	50
2	中国农业科学院	40	123	104
3	中国科学院	25	52	46
4	中国农业大学	22	45	34
5	南京农业大学	15	190	171
6	西北农林科技大学	12	19	18
7	华中农业大学	11	126	114
8	新疆农业大学	9	2	2
9	东北农业大学	8	21	15
10	塔里木大学	7	6	3

1.7 高频词 TOP20

2011—2020 年新疆农垦科学院 SCI 发文高频词（作者关键词）TOP20 见表 1-7。

表1-7　2011—2020年新疆农垦科学院SCI发文高频词（作者关键词）TOP20

排序	关键词（作者关键词）	频次	排序	关键词（作者关键词）	频次
1	sheep	13	11	RNA-seq	3
2	Cotton	13	12	Wheat	3
3	candidate genes	6	13	water productivity	3
4	Upland cotton	6	14	prolificacy	3
5	Molecularly imprinted polymers	4	15	SNPs	3
6	single nucleotide polymorphism	4	16	SNP	3
7	Candidate gene	4	17	Fiber quality	3
8	hypothalamus	4	18	Apoptosis	3
9	GnRH	4	19	genome-wide association study	3
10	Association analysis	3	20	yield	3

2　中文期刊论文分析

2011—2020年，新疆农垦科学院作者共发表北大中文核心期刊论文1 294篇，中国科学引文数据库（CSCD）期刊论文759篇。

2.1　发文量

2011—2020年新疆农垦科学院中文文献历年发文趋势（2011—2020年）见图2-1。

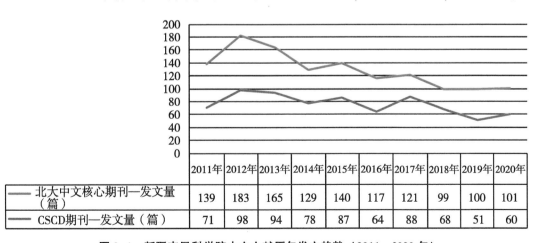

	2011年	2012年	2013年	2014年	2015年	2016年	2017年	2018年	2019年	2020年
北大中文核心期刊—发文量（篇）	139	183	165	129	140	117	121	99	100	101
CSCD期刊—发文量（篇）	71	98	94	78	87	64	88	68	51	60

图2-1　新疆农垦科学院中文文献历年发文趋势（2011—2020年）

2.2 高发文研究所 TOP10

2011—2020年新疆农垦科学院北大中文核心期刊高发文研究所 TOP10 见表 2-1，2011—2020年新疆农垦科学院中国科学引文数据库（CSCD）期刊高发文研究所 TOP10 见表2-2。

表 2-1　2011—2020 年新疆农垦科学院北大中文核心期刊高发文研究所 TOP10　单位：篇

排序	研究所	发文量
1	新疆农垦科学院畜牧兽医研究所	261
2	新疆农垦科学院	228
3	新疆农垦科学院机械装备研究所	212
4	新疆农垦科学院作物研究所	141
5	新疆农垦科学院棉花研究所	137
6	新疆农垦科学院农产品加工研究所	91
7	新疆农垦科学院农田水利及土壤肥料研究所	72
8	新疆农垦科学院林园研究所	63
8	新疆农垦科学院生物技术研究所	63
9	新疆农垦科学院分析测试中心	50
10	新疆农垦科学院分子农业技术育种中心	34

注："新疆农垦科学院"发文包括作者单位只标注为"新疆农垦科学院"、院属实验室等。

表 2-2　2011—2020 年新疆农垦科学院 CSCD 期刊高发文研究所 TOP10　单位：篇

排序	研究所	发文量
1	新疆农垦科学院	162
2	新疆农垦科学院作物研究所	111
3	新疆农垦科学院畜牧兽医研究所	104
4	新疆农垦科学院棉花研究所	102
5	新疆农垦科学院农产品加工研究所	63
6	新疆农垦科学院机械装备研究所	60
7	新疆农垦科学院农田水利及土壤肥料研究所	58
8	新疆农垦科学院生物技术研究所	38
9	新疆农垦科学院分析测试中心	30
10	新疆农垦科学院分子农业技术育种中心	27
11	新疆农垦科学院林园研究所	21

注："新疆农垦科学院"发文包括作者单位只标注为"新疆农垦科学院"、院属实验室等。

2.3 高发文期刊 TOP10

2011—2020 年新疆农垦科学院高发文北大中文核心期刊 TOP10 见表 2-3，2011—2020 年新疆农垦科学院高发文 CSCD 期刊 TOP10 见表 2-4。

表 2-3 2011—2020 年新疆农垦科学院高发文期刊（北大中文核心）TOP10 单位：篇

排序	期刊名称	发文量	排序	期刊名称	发文量
1	新疆农业科学	110	6	安徽农业科学	39
2	江苏农业科学	74	7	食品工业科技	35
3	农机化研究	70	8	黑龙江畜牧兽医	31
4	西北农业学报	67	9	北方园艺	31
5	西南农业学报	53	10	农业工程学报	30

表 2-4 2011—2020 年新疆农垦科学院高发文期刊（CSCD）TOP10 单位：篇

排序	期刊名称	发文量	排序	期刊名称	发文量
1	新疆农业科学	108	6	麦类作物学报	24
2	西北农业学报	63	7	棉花学报	24
3	西南农业学报	51	8	食品科学	22
4	食品工业科技	31	9	农业工程学报	20
5	干旱地区农业研究	24	10	甘肃农业大学学报	20

2.4 合作发文机构 TOP10

2011—2020 年新疆农垦科学院北大中文核心期刊合作发文机构 TOP10 见表 2-5，2011—2020 年新疆农垦科学院 CSCD 期刊合作发文机构 TOP10 见表 2-6。

表 2-5 2011—2020 年新疆农垦科学院北大中文核心期刊合作发文机构 TOP10 单位：篇

排序	合作发文机构	发文量	排序	合作发文机构	发文量
1	石河子大学	400	6	塔里木大学	19
2	中国农业大学	54	7	西北农林科技大学	15
3	中国农业科学院	46	8	新疆农业职业技术学院	13
4	中国科学院	30	9	新疆农业科学院	13
5	新疆农业大学	24	10	新疆石河子职业技术学院	11

表 2-6　2011—2020 年新疆农垦科学院 CSCD 期刊合作发文机构 TOP10　　　　单位：篇

排序	合作发文机构	发文量	排序	合作发文机构	发文量
1	石河子大学	213	6	塔里木大学	14
2	中国农业大学	38	7	西北农林科技大学	14
3	中国农业科学院	36	8	新疆农业科学院	12
4	新疆农业大学	22	9	新疆农业职业技术学院	11
5	中国科学院	21	10	新疆石河子职业技术学院	9

新疆农业科学院

1 英文期刊论文分析

分析数据来源于科学引文索引数据库（Web of Science，WOS）收录文献类型为期刊论文（ARTICLE）、会议论文（PROCEEDINGS PAPER）和述评（REVIEW）的 Science Citation Index Expanded（SCIE）论文数据，数据时间范围为 2011—2020 年，共检索到新疆农业科学院作者发表的论文 483 篇。

1.1 发文量

2011—2020 年新疆农业科学院历年 SCI 发文与被引情况见表 1-1，新疆农业科学院英文文献历年发文趋势（2011—2020 年）见图 1-1。

表 1-1　2011—2020 年新疆农业科学院历年 SCI 发文与被引情况

出版年	发文量（篇）	WOS 所有数据库总被引频次	WOS 核心库被引频次
2011 年	30	575	490
2012 年	15	176	157
2013 年	20	669	591
2014 年	39	514	449
2015 年	51	312	272
2016 年	52	140	120
2017 年	49	207	185
2018 年	43	53	49
2019 年	99	23	22
2020 年	85	23	23

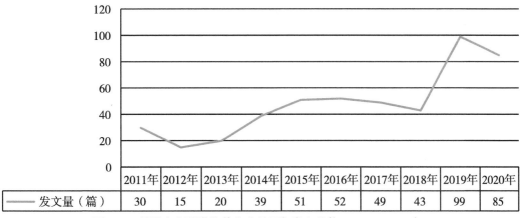

图 1-1　新疆农业科学院英文文献历年发文趋势（2011—2020 年）

1.2 发文期刊 JCR 分区

2011—2020 年新疆农业科学院 SCI 发文期刊 WOSJCR 分区情况见表 1-2，新疆农业科学院 SCI 发文期刊 WOSJCR 分区趋势（2011—2020 年）见图 1-2。

表 1-2 2011—2020 年新疆农业科学院 SCI 发文期刊 WOSJCR 分区情况

排序	出版年	Q1 区发文量（篇）	Q2 区发文量（篇）	Q3 区发文量（篇）	Q4 区发文量（篇）	其他发文量（篇）
1	2011 年	6	7	11	5	1
2	2012 年	5	2	1	6	1
3	2013 年	6	6	4	1	3
4	2014 年	13	13	7	3	3
5	2015 年	20	9	14	6	2
6	2016 年	17	21	11	1	2
7	2017 年	22	10	9	7	1
8	2018 年	22	9	10	2	0
9	2019 年	43	33	19	4	0
10	2020 年	40	22	13	9	1

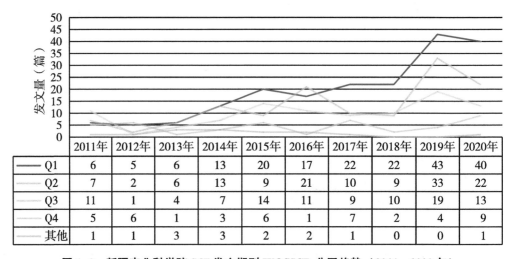

	2011年	2012年	2013年	2014年	2015年	2016年	2017年	2018年	2019年	2020年
Q1	6	5	6	13	20	17	22	22	43	40
Q2	7	2	6	13	9	21	10	9	33	22
Q3	11	1	4	7	14	11	9	10	19	13
Q4	5	6	1	3	6	1	7	2	4	9
其他	1	1	3	3	2	2	1	0	0	1

图 1-2 新疆农业科学院 SCI 发文期刊 WOSJCR 分区趋势（2011—2020 年）

1.3 高发文研究所 TOP10

2011—2020 年新疆农业科学院 SCI 高发文研究所 TOP10 见表 1-3。

表 1-3 2011—2020 年新疆农业科学院 SCI 高发文研究所 TOP10　　　　　　单位：篇

排序	研究所	发文量
1	新疆农业科学院植物保护研究所	89

（续表）

排序	研究所	发文量
2	新疆农业科学院微生物应用研究所	88
3	新疆农业科学院土壤肥料与农业节水研究所	42
4	新疆农业科学院核技术生物技术研究所	35
5	新疆农业科学院粮食作物研究所	34
6	新疆农业科学院农产品贮藏加工研究所	26
7	新疆农业科学院经济作物研究所	24
8	新疆农业科学院园艺作物研究所	20
9	新疆农业科学院农业质量标准与检测技术研究所	19
10	新疆农业科学院农作物品种资源研究所	15

1.4　高发文期刊 TOP10

2011—2020 年新疆农业科学院 SCI 高发文期刊 TOP10 见表 1-4。

表 1-4　2011—2020 年新疆农业科学院 SCI 高发文期刊 TOP10

排序	期刊名称	发文量（篇）	WOS 所有数据库总被引频次	WOS 核心库被引频次	期刊影响因子（最近年度）
1	PLOS ONE	17	38	33	3.24（2020）
2	Scientific Reports	16	52	45	4.379（2020）
3	JOURNAL OF INTEGRATIVE AGRICULTURE	16	43	34	2.848（2020）
4	INTERNATIONAL JOURNAL OF SYSTEMATIC AND EVOLUTIONARY MICROBIOLOGY	16	141	125	2.747（2020）
5	SCIENTIA HORTICULTURAE	13	6	5	3.463（2020）
6	PESTICIDE BIOCHEMISTRY AND PHYSIOLOGY	10	89	79	3.963（2020）
7	AGROFORESTRY SYSTEMS	9	35	25	2.549（2020）
8	JOURNAL OF ASIA-PACIFIC ENTOMOLOGY	9	9	8	1.303（2020）
9	POSTHARVEST BIOLOGY AND TECHNOLOGY	8	69	57	5.537（2020）
10	INSECT BIOCHEMISTRY AND MOLECULAR BIOLOGY	8	50	48	4.714（2020）

1.5 合作发文国家与地区 TOP10

2011—2020年新疆农业科学院SCI合作发文国家与地区（合作发文1篇以上）TOP10见表1-5。

表1-5 2011—2020年新疆农业科学院SCI合作发文国家与地区TOP10

排序	国家与地区	合作发文量（篇）	WOS所有数据库总被引频次	WOS核心库被引频次
1	美国	41	863	763
2	澳大利亚	18	129	108
3	英格兰	11	107	96
4	日本	10	120	102
5	德国	8	499	445
6	法国	7	592	524
7	埃及	5	15	14
8	加拿大	5	49	39
9	墨西哥	5	25	23
10	越南	4	64	50

1.6 合作发文机构 TOP10

2011—2020年新疆农业科学院SCI合作发文机构TOP10见表1-6。

表1-6 2011—2020年新疆农业科学院SCI合作发文机构TOP10

排序	合作发文机构	发文量（篇）	WOS所有数据库总被引频次	WOS核心库被引频次
1	中国农业科学院	125	1 093	932
2	南京农业大学	64	473	433
3	中国农业大学	63	182	150
4	中国科学院	42	442	401
5	新疆农业大学	33	56	42
6	新疆大学	27	106	93
7	石河子大学	24	63	52
8	西北农林科技大学	23	128	107
9	华中农业大学	18	488	420
10	西南大学	15	150	131

1.7 高频词 TOP20

2011—2020年新疆农业科学院SCI发文高频词（作者关键词）TOP20见表1-7。

表1-7 2011—2020年新疆农业科学院SCI发文高频词（作者关键词）TOP20

排序	关键词（作者关键词）	频次	排序	关键词（作者关键词）	频次
1	Leptinotarsa decemlineata	39	11	Cotton	8
2	RNA interference	17	12	Maize（Zea mays L.）	7
3	20-Hydroxyecdysone	14	13	Intercropping	6
4	gene expression	14	14	quality	6
5	maize	11	15	Xinjiang	5
6	Drought tolerance	10	16	16S rRNA gene	5
7	Pupation	10	17	Polyphasic taxonomy	5
8	Juvenile hormone	10	18	Cucumis melo	5
9	Metamorphosis	9	19	carbon sequestration	5
10	Wheat	9	20	Nitric oxide	5

2 中文期刊论文分析

2011—2020年，新疆农业科学院作者共发表北大中文核心期刊论文2 656篇，中国科学引文数据库（CSCD）期刊论文2 083篇。

2.1 发文量

2011—2020年新疆农业科学院中文文献历年发文趋势（2011—2020年）见图2-1。

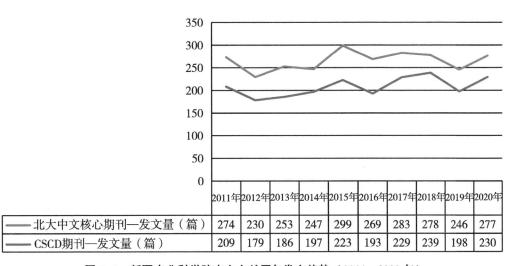

	2011年	2012年	2013年	2014年	2015年	2016年	2017年	2018年	2019年	2020年
北大中文核心期刊—发文量（篇）	274	230	253	247	299	269	283	278	246	277
CSCD期刊—发文量（篇）	209	179	186	197	223	193	229	239	198	230

图2-1 新疆农业科学院中文文献历年发文趋势（2011—2020年）

2.2 高发文研究所 TOP10

2011—2020 年新疆农业科学院北大中文核心期刊高发文研究所 TOP10 见表 2-1，2011—2020 年新疆农业科学院中国科学引文数据库（CSCD）期刊高发文研究所 TOP10 见表 2-2。

表 2-1 2011—2020 年新疆农业科学院北大中文核心期刊高发文研究所 TOP10　　单位：篇

排序	研究所	发文量
1	新疆农业科学院土壤肥料与农业节水研究所	324
2	新疆农业科学院植物保护研究所	306
3	新疆农业科学院园艺作物研究所	277
3	新疆农业科学院微生物应用研究所	277
4	新疆农业科学院经济作物研究所	264
5	新疆农业科学院粮食作物研究所	200
6	新疆农业科学院核技术生物技术研究所	190
7	新疆农业科学院农业机械化研究所	184
8	新疆农业科学院农产品贮藏加工研究所	164
9	新疆农业科学院	145
10	新疆农业科学院农业质量标准与检测技术研究所	107

注："新疆农业科学院"发文包括作者单位只标注为"新疆农业科学院"、院属实验室等。

表 2-2 2011—2020 年新疆农业科学院 CSCD 期刊高发文研究所 TOP10　　单位：篇

排序	研究所	发文量
1	新疆农业科学院土壤肥料与农业节水研究所	296
2	新疆农业科学院植物保护研究所	279
3	新疆农业科学院微生物应用研究所	249
4	新疆农业科学院园艺作物研究所	243
5	新疆农业科学院经济作物研究所	220
6	新疆农业科学院粮食作物研究所	197
7	新疆农业科学院核技术生物技术研究所	167
8	新疆农业科学院农产品贮藏加工研究所	102
9	新疆农业科学院农业机械化研究所	91
10	新疆农业科学院	78
11	新疆农业科学院农作物品种资源研究所	67

注："新疆农业科学院"发文包括作者单位只标注为"新疆农业科学院"、院属实验室等。

2.3 高发文期刊 TOP10

2011—2020 年新疆农业科学院高发文北大中文核心期刊 TOP10 见表 2-3，2011—2020 年新疆农业科学院高发文 CSCD 期刊 TOP10 见表 2-4。

表 2-3 2011—2020 年新疆农业科学院高发文期刊（北大中文核心）TOP10 单位：篇

排序	期刊名称	发文量	排序	期刊名称	发文量
1	新疆农业科学	1 096	6	麦类作物学报	42
2	西北农业学报	70	7	分子植物育种	39
3	北方园艺	63	8	农机化研究	34
4	食品工业科技	45	9	干旱地区农业研究	32
5	农业工程学报	42	10	新疆农业大学学报	31

表 2-4 2011—2020 年新疆农业科学院高发文期刊（CSCD）TOP10 单位：篇

排序	期刊名称	发文量	排序	期刊名称	发文量
1	新疆农业科学	1 072	6	食品工业科技	32
2	西北农业学报	68	7	干旱地区农业研究	32
3	分子植物育种	42	8	中国农学通报	29
4	麦类作物学报	37	9	棉花学报	28
5	农业工程学报	35	10	西北植物学报	25

2.4 合作发文机构 TOP10

2011—2020 年新疆农业科学院北大中文核心期刊合作发文机构 TOP10 见表 2-5，2011—2020 年新疆农业科学院 CSCD 期刊合作发文机构 TOP10 见表 2-6。

表 2-5 2011—2020 年新疆农业科学院北大中文核心期刊合作发文机构 TOP10 单位：篇

排序	合作发文机构	发文量	排序	合作发文机构	发文量
1	新疆农业大学	624	6	中国科学院	57
2	中国农业科学院	148	7	新疆农业职业技术学院	55
3	新疆大学	142	8	西北农林科技大学	31
4	石河子大学	137	9	南京农业大学	26
5	中国农业大学	130	10	新疆林业科学院	24

表 2-6 2011—2020 年新疆农业科学院 CSCD 期刊合作发文机构 TOP10　　　　　单位：篇

排序	合作发文机构	发文量	排序	合作发文机构	发文量
1	新疆农业大学	489	6	中国科学院	50
2	中国农业科学院	127	7	新疆农业职业技术学院	34
3	新疆大学	119	8	西北农林科技大学	30
4	石河子大学	115	9	南京农业大学	23
5	中国农业大学	108	10	塔里木大学	20

新疆畜牧科学院

1 英文期刊论文分析

分析数据来源于科学引文索引数据库（Web of Science，WOS）收录文献类型为期刊论文（ARTICLE）、会议论文（PROCEEDINGS PAPER）和述评（REVIEW）的 Science Citation Index Expanded（SCIE）论文数据，数据时间范围为 2011—2020 年，共检索到新疆畜牧科学院作者发表的论文 148 篇。

1.1 发文量

2011—2020 年新疆畜牧科学院历年 SCI 发文与被引情况见表 1-1，新疆畜牧科学院英文文献历年发文趋势（2011—2020 年）见图 1-1。

表 1-1　2011—2020 年新疆畜牧科学院历年 SCI 发文与被引情况

出版年	发文量（篇）	WOS 所有数据库总被引频次	WOS 核心库被引频次
2011 年	10	96	77
2012 年	6	85	76
2013 年	6	134	110
2014 年	8	88	81
2015 年	13	152	126
2016 年	17	58	52
2017 年	21	84	78
2018 年	21	7	7
2019 年	22	8	8
2020 年	24	9	9

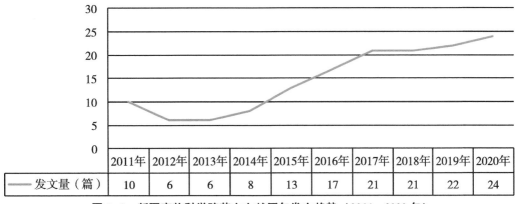

图 1-1　新疆畜牧科学院英文文献历年发文趋势（2011—2020 年）

1.2 发文期刊 JCR 分区

2011—2020 年新疆畜牧科学院 SCI 发文期刊 WOSJCR 分区情况见表 1-2，新疆畜牧科学院 SCI 发文期刊 WOSJCR 分区趋势（2011—2020 年）见图 1-2。

表 1-2 2011—2020 年新疆畜牧科学院 SCI 发文期刊 WOSJCR 分区情况

排序	出版年	Q1 区发文量（篇）	Q2 区发文量（篇）	Q3 区发文量（篇）	Q4 区发文量（篇）	其他发文量（篇）
1	2011 年	4	2	1	0	3
2	2012 年	1	1	2	1	1
3	2013 年	2	2	2	0	0
4	2014 年	2	2	3	1	0
5	2015 年	5	3	2	3	0
6	2016 年	4	4	4	2	3
7	2017 年	7	4	7	3	0
8	2018 年	3	11	4	2	1
9	2019 年	6	10	5	1	0
10	2020 年	11	7	1	5	0

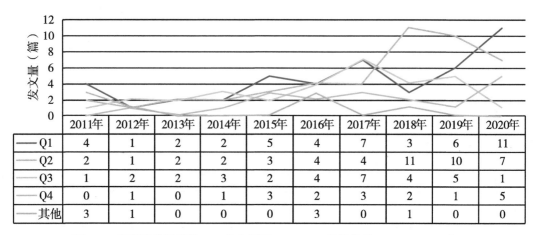

	2011年	2012年	2013年	2014年	2015年	2016年	2017年	2018年	2019年	2020年
Q1	4	1	2	2	5	4	7	3	6	11
Q2	2	1	2	2	3	4	4	11	10	7
Q3	1	2	2	3	2	4	7	4	5	1
Q4	0	1	0	1	3	2	3	2	1	5
其他	3	1	0	0	0	3	0	1	0	0

图 1-2 新疆畜牧科学院 SCI 发文期刊 WOSJCR 分区趋势（2011—2020 年）

1.3 高发文研究所 TOP10

2011—2020 年新疆畜牧科学院 SCI 高发文研究所 TOP10 见表 1-3。

表 1-3 2011—2020 年新疆畜牧科学院 SCI 高发文研究所 TOP10　　　单位：篇

排序	研究所	发文量
1	新疆畜牧科学院兽医研究所	44

（续表）

排序	研究所	发文量
2	新疆畜牧科学院生物技术研究所	29
3	新疆畜牧科学院畜牧研究所	21
4	新疆畜牧科学院饲料研究所	5
4	新疆畜牧科学院草业研究所	5
5	新疆畜牧科学院畜牧业经济与信息研究所	1

注：全部发文研究所数量不足 10 个。

1.4 高发文期刊 TOP10

2011—2020 年新疆畜牧科学院 SCI 高发文期刊 TOP10 见表 1-4。

表 1-4 2011—2020 年新疆畜牧科学院 SCI 高发文期刊 TOP10

排序	期刊名称	发文量（篇）	WOS 所有数据库总被引频次	WOS 核心库被引频次	期刊影响因子（最近年度）
1	ARCHIVES OF VIROLOGY	6	11	11	2.574（2020）
2	MOLECULAR BIOLOGY AND EVOLUTION	4	50	43	16.24（2020）
3	SCIENTIFIC REPORTS	4	8	8	4.379（2020）
4	ASIAN-AUSTRALASIAN JOURNAL OF ANIMAL SCIENCES	4	8	5	2.509（2020）
5	GENE	4	3	3	3.688（2020）
6	GENETICS AND MOLECULAR RESEARCH	4	2	1	0.764（2015）
7	ANIMALS	4	0	0	2.752（2020）
8	BMC GENOMICS	3	59	55	3.969（2020）
9	BIOCHEMICAL AND BIOPHYSICAL RESEARCH COMMUNICATIONS	3	24	21	3.575（2020）
10	PLANT CELL TISSUE AND ORGAN CULTURE	3	18	15	2.711（2020）

1.5 合作发文国家与地区 TOP10

2011—2020 年新疆畜牧科学院 SCI 合作发文国家与地区（合作发文 1 篇以上）TOP10 见表 1-5。

表 1-5　2011—2020 年新疆畜牧科学院 SCI 合作发文国家与地区 TOP10

排序	国家与地区	合作发文量（篇）	WOS 所有数据库总被引频次	WOS 核心库被引频次
1	美国	16	105	98
2	澳大利亚	8	212	175
3	肯尼亚	6	65	57
4	芬兰	5	57	48
5	伊朗	3	26	22
6	威尔士	3	21	17
7	新西兰	3	18	16
8	印度	3	15	14
9	德国	3	1	1
10	蒙古国	2	42	38

1.6　合作发文机构 TOP10

2011—2020 年新疆畜牧科学院 SCI 合作发文机构 TOP10 见表 1-6。

表 1-6　2011—2020 年新疆畜牧科学院 SCI 合作发文机构 TOP10

排序	合作发文机构	发文量（篇）	WOS 所有数据库总被引频次	WOS 核心库被引频次
1	中国农业科学院	29	96	79
2	石河子大学	26	73	65
3	中国科学院	15	139	126
4	中国农业大学	12	69	60
5	新疆医科大学	11	192	158
6	新疆农业大学	11	3	3
7	新疆大学	10	73	66
8	内蒙古农业大学	9	103	90
9	南京农业大学	8	58	49
10	广西农业科学院	8	44	36

1.7　高频词 TOP20

2011—2020 年新疆畜牧科学院 SCI 发文高频词（作者关键词）TOP20 见表 1-7。

表1-7　2011—2020年新疆畜牧科学院SCI发文高频词（作者关键词）TOP20

排序	关键词（作者关键词）	频次	排序	关键词（作者关键词）	频次
1	Sheep	12	11	microRNA	3
2	Echinococcus granulosus	6	12	Mitochondrial genome	3
3	Xinjiang	5	13	DNA methylation	3
4	Phylogenetic analysis	5	14	Monoclonal antibody	3
5	Lamb	4	15	Ovis aries	3
6	Bovine	4	16	Foot-and-mouth disease virus	3
7	China	3	17	Myoblast	2
8	Myostatin	3	18	Horse	2
9	miRNA	3	19	Indel	2
10	polymorphism	3	20	miRNAs	2

2　中文期刊论文分析

2011—2020年，新疆畜牧科学院作者共发表北大中文核心期刊论文609篇，中国科学引文数据库（CSCD）期刊论文285篇。

2.1　发文量

2011—2020年新疆畜牧科学院中文文献历年发文趋势（2011—2020年）见图2-1。

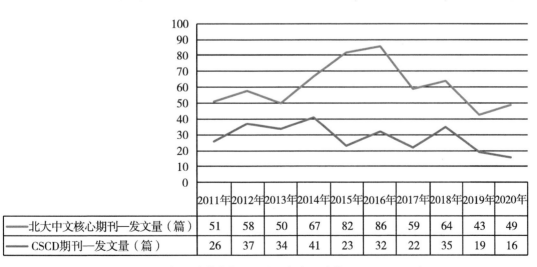

	2011年	2012年	2013年	2014年	2015年	2016年	2017年	2018年	2019年	2020年
北大中文核心期刊—发文量（篇）	51	58	50	67	82	86	59	64	43	49
CSCD期刊—发文量（篇）	26	37	34	41	23	32	22	35	19	16

图2-1　新疆畜牧科学院中文文献历年发文趋势（2011—2020年）

2.2 高发文研究所 TOP10

2011—2020 年新疆畜牧科学院北大中文核心期刊高发文研究所 TOP10 见表 2-1，2011—2020 年新疆畜牧科学院中国科学引文数据库（CSCD）期刊高发文研究所 TOP10 见表 2-2。

表 2-1 2011—2020 年新疆畜牧科学院北大中文核心期刊高发文研究所 TOP10　单位：篇

排序	研究所	发文量
1	新疆畜牧科学院兽医研究所	149
2	新疆畜牧科学院	117
3	新疆畜牧科学院畜牧研究所	104
4	新疆畜牧科学院饲料研究所	79
5	新疆畜牧科学院畜牧业质量标准研究所	74
6	新疆畜牧科学院草业研究所	53
7	新疆畜牧科学院生物技术研究所	40
8	新疆畜牧科学院畜牧业经济与信息研究所	18

注："新疆畜牧科学院"发文包括作者单位只标注为"新疆畜牧科学院"、院属实验室等。全部发文研究所数量不足 10 个。

表 2-2 2011—2020 年新疆畜牧科学院 CSCD 期刊高发文研究所 TOP10　单位：篇

排序	研究所	发文量
1	新疆畜牧科学院兽医研究所	93
2	新疆畜牧科学院	51
3	新疆畜牧科学院草业研究所	49
4	新疆畜牧科学院畜牧研究所	42
5	新疆畜牧科学院饲料研究所	28
6	新疆畜牧科学院生物技术研究所	21
7	新疆畜牧科学院畜牧业质量标准研究所	7
8	新疆畜牧科学院畜牧业经济与信息研究所	2

注："新疆畜牧科学院"发文包括作者单位只标注为"新疆畜牧科学院"、院属实验室等。全部发文研究所数量不足 10 个。

2.3 高发文期刊 TOP10

2011—2020 年新疆畜牧科学院高发文北大中文核心期刊 TOP10 见表 2-3，2011—2020 年新疆畜牧科学院高发文 CSCD 期刊 TOP10 见表 2-4。

表 2-3 2011—2020 年新疆畜牧科学院高发文期刊（北大中文核心）TOP10　单位：篇

排序	期刊名称	发文量	排序	期刊名称	发文量
1	新疆农业科学	84	6	中国兽医杂志	22
2	中国畜牧兽医	64	7	中国畜牧杂志	20
3	黑龙江畜牧兽医	43	8	畜牧兽医学报	19
4	动物医学进展	32	9	家畜生态学报	17
5	畜牧与兽医	26	10	西北农业学报	15

表 2-4 2011—2020 年新疆畜牧科学院高发文期刊（CSCD）TOP10　单位：篇

排序	期刊名称	发文量	排序	期刊名称	发文量
1	新疆农业科学	79	6	中国预防兽医学报	12
2	畜牧兽医学报	15	7	中国兽医科学	12
3	西北农业学报	15	8	动物营养学报	10
4	草业科学	13	9	中国农业科学	9
5	动物医学进展	13	10	西南农业学报	8

2.4 合作发文机构 TOP10

2011—2020 年新疆畜牧科学院北大中文核心期刊合作发文机构 TOP10 见表 2-5，2011—2020 年新疆畜牧科学院 CSCD 期刊合作发文机构 TOP10 见表 2-6。

表 2-5 2011—2020 年新疆畜牧科学院北大中文核心期刊合作发文机构 TOP10　单位：篇

排序	合作发文机构	发文量	排序	合作发文机构	发文量
1	新疆农业大学	191	6	新疆大学	16
2	石河子大学	54	7	塔里木大学	16
3	中国农业科学院	44	8	新疆维吾尔自治区动物卫生监督所	15
4	中国农业大学	26	9	乌鲁木齐市动物疾病控制与诊断中心	13
5	华中农业大学	20	10	新疆农业科学院	11

表 2-6　2011—2020 年新疆畜牧科学院 CSCD 期刊合作发文机构 TOP10　　　单位：篇

排序	合作发文机构	发文量	排序	合作发文机构	发文量
1	新疆农业大学	90	6	新疆农业科学院	10
2	石河子大学	31	7	新疆大学	9
3	中国农业科学院	26	8	新疆维吾尔自治区动物卫生监督所	9
4	中国农业大学	12	9	塔里木大学	7
5	乌鲁木齐市动物疾病控制与诊断中心	11	10	新疆医科大学	7

云南省农业科学院

1 英文期刊论文分析

分析数据来源于科学引文索引数据库（Web of Science，WOS）收录文献类型为期刊论文（ARTICLE）、会议论文（PROCEEDINGS PAPER）和述评（REVIEW）的 Science Citation Index Expanded（SCIE）论文数据，数据时间范围为 2011—2020 年，共检索到云南省农业科学院作者发表的论文 1 086篇。

1.1 发文量

2011—2020 年云南省农业科学院历年 SCI 发文与被引情况见表 1-1，云南省农业科学院英文文献历年发文趋势（2011—2020 年）见图 1-1。

表 1-1 2011—2020 年云南省农业科学院历年 SCI 发文与被引情况

出版年	发文量（篇）	WOS 所有数据库总被引频次	WOS 核心库被引频次
2011 年	42	468	362
2012 年	59	1 250	1 092
2013 年	76	634	519
2014 年	75	688	563
2015 年	113	1 004	890
2016 年	127	414	373
2017 年	128	574	510
2018 年	134	166	157
2019 年	161	55	55
2020 年	171	63	63

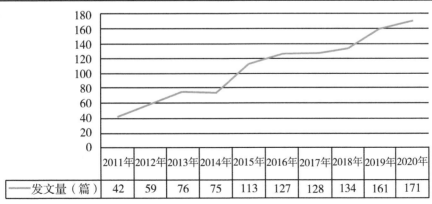

图 1-1 云南省农业科学院英文文献历年发文趋势（2011—2020 年）

1.2 发文期刊 JCR 分区

2011—2020 年云南省农业科学院 SCI 发文期刊 WOSJCR 分区情况见表 1-2，云南省农业科学院 SCI 发文期刊 WOSJCR 分区趋势（2011—2020 年）见图 1-2。

表 1-2　2011—2020 年云南省农业科学院 SCI 发文期刊 WOSJCR 分区情况

排序	出版年	Q1 区发文量（篇）	Q2 区发文量（篇）	Q3 区发文量（篇）	Q4 区发文量（篇）	其他发文量（篇）
1	2011 年	5	8	11	10	8
2	2012 年	16	13	13	10	7
3	2013 年	17	16	17	16	10
4	2014 年	18	19	15	14	9
5	2015 年	32	27	25	20	9
6	2016 年	32	30	28	32	5
7	2017 年	42	35	29	21	1
8	2018 年	42	40	23	26	3
9	2019 年	51	50	28	31	1
10	2020 年	71	47	28	23	2

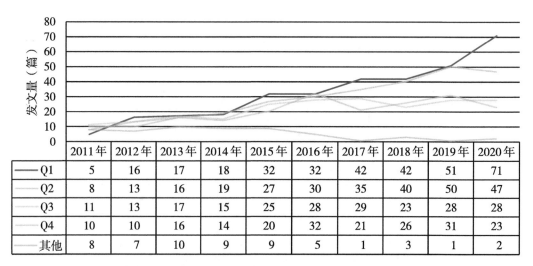

	2011 年	2012 年	2013 年	2014 年	2015 年	2016 年	2017 年	2018 年	2019 年	2020 年
Q1	5	16	17	18	32	32	42	42	51	71
Q2	8	13	16	19	27	30	35	40	50	47
Q3	11	13	17	15	25	28	29	23	28	28
Q4	10	10	16	14	20	32	21	26	31	23
其他	8	7	10	9	9	5	1	3	1	2

图 1-2　云南省农业科学院 SCI 发文期刊 WOSJCR 分区趋势（2011—2020 年）

1.3 高发文研究所 TOP10

2011—2020 年云南省农业科学院 SCI 高发文研究所 TOP10 见表 1-3。

表1-3　2011—2020年云南省农业科学院SCI高发文研究所TOP10　　　　单位：篇

排序	研究所	发文量
1	云南省农业科学院药用植物研究所	272
2	云南省农业科学院生物技术与种质资源研究所	196
3	云南省农业科学院农业环境资源研究所	119
4	云南省农业科学院花卉研究所	93
5	云南省农业科学院粮食作物研究所	87
6	云南省农业科学院甘蔗研究所	66
7	云南省农业科学院质量标准与检测技术研究所	44
8	云南省农业科学院园艺作物研究所	41
9	云南省农业科学院茶叶研究所	37
10	云南省农业科学院蚕桑蜜蜂研究所	33

1.4　高发文期刊TOP10

2011—2020年云南省农业科学院SCI高发文期刊TOP10见表1-4。

表1-4　2011—2020年云南省农业科学院SCI高发文期刊TOP10

排序	期刊名称	发文量（篇）	WOS所有数据库总被引频次	WOS核心库被引频次	期刊影响因子（最近年度）
1	SPECTROSCOPY AND SPECTRAL ANALYSIS	42	93	37	0.589（2020）
2	PLOS ONE	25	181	149	3.24（2020）
3	SCIENTIFIC REPORTS	24	108	95	4.379（2020）
4	FRONTIERS IN PLANT SCIENCE	21	42	36	5.753（2020）
5	MOLECULES	16	43	41	4.411（2020）
6	PHYTOTAXA	13	50	50	1.171（2020）
7	SUGAR TECH	13	9	5	1.591（2020）
8	EUPHYTICA	12	39	36	1.895（2020）
9	CROP SCIENCE	11	40	40	2.319（2020）
10	MITOCHONDRIAL DNA PART B-RESOURCES	11	2	2	0.658（2020）

1.5 合作发文国家与地区 TOP10

2011—2020 年云南省农业科学院 SCI 合作发文国家与地区（合作发文 1 篇以上）TOP10 见表 1-5。

表 1-5 2011—2020 年云南省农业科学院 SCI 合作发文国家与地区 TOP10

排序	国家与地区	合作发文量（篇）	WOS 所有数据库总被引频次	WOS 核心库被引频次
1	美国	105	1 473	1 381
2	韩国	38	355	333
3	波兰	31	185	170
4	泰国	30	653	640
5	加拿大	30	284	272
6	澳大利亚	28	355	341
7	新西兰	21	469	456
8	巴基斯坦	20	3	3
9	哥伦比亚	17	17	17
10	法国	15	514	498

1.6 合作发文机构 TOP10

2011—2020 年云南省农业科学院 SCI 合作发文机构 TOP10 见表 1-6。

表 1-6 2011—2020 年云南省农业科学院 SCI 合作发文机构 TOP10

排序	合作发文机构	发文量（篇）	WOS 所有数据库总被引频次	WOS 核心库被引频次
1	中国科学院	175	1 729	1 590
2	云南农业大学	117	848	718
3	中国农业科学院	96	513	421
4	玉溪师范学院	67	539	407
5	云南大学	59	178	156
6	云南中医药大学	58	193	155
7	中国科学院大学	52	317	278
8	昆明理工大学	45	356	337
9	南京农业大学	44	185	156
10	中国农业大学	42	301	245

1.7 高频词 TOP20

2011—2020 年云南省农业科学院 SCI 发文高频词（作者关键词）TOP20 见表 1-7。

表 1-7 2011—2020 年云南省农业科学院 SCI 发文高频词（作者关键词）TOP20

排序	关键词（作者关键词）	频次	排序	关键词（作者关键词）	频次
1	Phylogeny	27	11	Fungi	14
2	taxonomy	25	12	Panax notoginseng	14
3	Data fusion	22	13	Transcriptome	14
4	sugarcane	21	14	photosynthesis	11
5	China	19	15	Mushrooms	11
6	Gentiana rigescens	19	16	breeding	10
7	Gene expression	15	17	Fourier transform infrared spectroscopy	9
8	Infrared spectroscopy	14	18	Yunnan	9
9	Genetic diversity	14	19	chemometrics	9
10	Rice	14	20	Discrimination	9

2 中文期刊论文分析

2011—2020 年，云南省农业科学院作者共发表北大中文核心期刊论文 3 163篇，中国科学引文数据库（CSCD）期刊论文 2 455篇。

2.1 发文量

2011—2020 年云南省农业科学院中文文献历年发文趋势（2011—2020 年）见图 2-1。

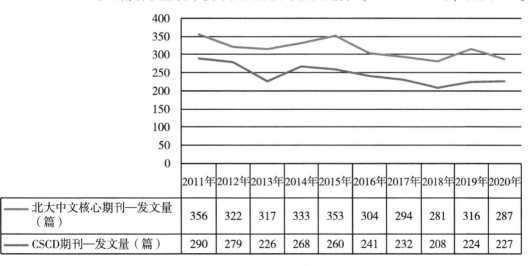

	2011年	2012年	2013年	2014年	2015年	2016年	2017年	2018年	2019年	2020年
北大中文核心期刊—发文量（篇）	356	322	317	333	353	304	294	281	316	287
CSCD期刊—发文量（篇）	290	279	226	268	260	241	232	208	224	227

图 2-1 云南省农业科学院中文文献历年发文趋势（2011—2020 年）

2.2 高发文研究所TOP10

2011—2020年云南省农业科学院北大中文核心期刊高发文研究所TOP10见表2-1，2011—2020年云南省农业科学院中国科学引文数据库（CSCD）期刊高发文研究所TOP10见表2-2。

表2-1 2011—2020年云南省农业科学院北大中文核心期刊高发文研究所TOP10　单位：篇

排序	研究所	发文量
1	云南省农业科学院生物技术与种质资源研究所	436
2	云南省农业科学院农业环境资源研究所	403
3	云南省农业科学院药用植物研究所	331
4	云南省农业科学院蚕桑蜜蜂研究所	256
4	云南省农业科学院花卉研究所	256
5	云南省农业科学院粮食作物研究所	247
6	云南省农业科学院甘蔗研究所	221
7	云南省农业科学院经济作物研究所	180
8	云南省农业科学院热区生态农业研究所	178
9	云南省农业科学院园艺作物研究所	169
10	云南省农业科学院质量标准与检测技术研究所	167

注："云南省农业科学院"发文包括作者单位只标注为"云南省农业科学院"、院属实验室等。

表2-2 2011—2020年云南省农业科学院CSCD期刊高发文研究所TOP10　单位：篇

排序	研究所	发文量
1	云南省农业科学院生物技术与种质资源研究所	381
2	云南省农业科学院农业环境资源研究所	365
3	云南省农业科学院药用植物研究所	290
4	云南省农业科学院粮食作物研究所	207
5	云南省农业科学院甘蔗研究所	197
6	云南省农业科学院花卉研究所	193
7	云南省农业科学院蚕桑蜜蜂研究所	184
8	云南省农业科学院经济作物研究所	135
9	云南省农业科学院质量标准与检测技术研究所	131
10	云南省农业科学院热区生态农业研究所	126

注："云南省农业科学院"发文包括作者单位只标注为"云南省农业科学院"、院属实验室等。

2.3 高发文期刊 TOP10

2011—2020 年云南省农业科学院高发文北大中文核心期刊 TOP10 见表 2-3，2011—2020 年云南省农业科学院高发文 CSCD 期刊 TOP10 见表 2-4。

表 2-3 2011—2020 年云南省农业科学院高发文期刊（北大中文核心）TOP10　　单位：篇

排序	期刊名称	发文量	排序	期刊名称	发文量
1	西南农业学报	640	6	云南农业大学学报（自然科学）	66
2	江苏农业科学	111	7	蚕业科学	65
3	植物遗传资源学报	109	8	植物保护	62
4	安徽农业科学	83	9	中国农学通报	60
5	分子植物育种	80	10	中国南方果树	59

表 2-4 2011—2020 年云南省农业科学院高发文期刊（CSCD）TOP10　　单位：篇

排序	期刊名称	发文量	排序	期刊名称	发文量
1	西南农业学报	617	6	中国农学通报	66
2	植物遗传资源学报	100	7	蚕业科学	63
3	分子植物育种	84	8	热带作物学报	60
4	云南农业大学学报	83	9	植物保护	56
5	南方农业学报	78	10	西北植物学报	44

2.4 合作发文机构 TOP10

2011—2020 年云南省农业科学院北大中文核心期刊合作发文机构 TOP10 见表 2-5，2011—2020 年云南省农业科学院 CSCD 期刊合作发文机构 TOP10 见表 2-6。

表 2-5 2011—2020 年云南省农业科学院北大中文核心期刊合作发文机构 TOP10　　单位：篇

排序	合作发文机构	发文量	排序	合作发文机构	发文量
1	云南农业大学	430	6	云南省烟草公司	55
2	中国农业科学院	122	7	昆明理工大学	52
3	云南大学	96	8	云南中医药大学	41
4	玉溪师范学院	88	9	昆明学院	37
5	中国科学院	84	10	西南大学	36

表 2-6　2011—2020 年云南省农业科学院 CSCD 期刊合作发文机构 TOP10　　单位：篇

排序	合作发文机构	发文量	排序	合作发文机构	发文量
1	云南农业大学	372	6	云南省烟草公司	46
2	中国农业科学院	115	7	昆明理工大学	43
3	云南大学	80	8	西南大学	33
4	中国科学院	74	9	云南中医药大学	33
5	玉溪师范学院	74	10	昆明学院	29

浙江省农业科学院

1 英文期刊论文分析

分析数据来源于科学引文索引数据库（Web of Science，WOS）收录文献类型为期刊论文（ARTICLE）、会议论文（PROCEEDINGS PAPER）和述评（REVIEW）的Science Citation Index Expanded（SCIE）论文数据，数据时间范围为2011—2020年，共检索到浙江省农业科学院作者发表的论文2 388篇。

1.1 发文量

2011—2020年浙江省农业科学院历年SCI发文与被引情况见表1-1，浙江省农业科学院英文文献历年发文趋势（2011—2020年）见图1-1。

表1-1　2011—2020年浙江省农业科学院历年SCI发文与被引情况

出版年	发文量（篇）	WOS所有数据库总被引频次	WOS核心库被引频次
2011年	143	2 315	1 916
2012年	215	3 202	2 750
2013年	197	2 684	2 322
2014年	200	1 796	1 566
2015年	235	1 617	1 411
2016年	227	982	877
2017年	267	1 107	998
2018年	253	348	337
2019年	303	57	57
2020年	348	110	105

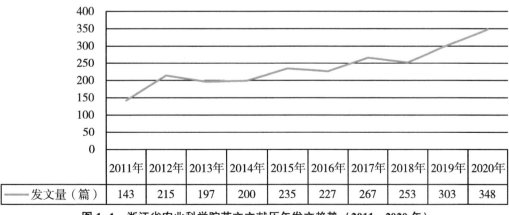

图1-1　浙江省农业科学院英文文献历年发文趋势（2011—2020年）

1.2 发文期刊 JCR 分区

2011—2020 年浙江省农业科学院 SCI 发文期刊 WOSJCR 分区情况见表 1-2，浙江省农业科学院 SCI 发文期刊 WOSJCR 分区趋势（2011—2020 年）见图 1-2。

表 1-2 2011—2020 年浙江省农业科学院 SCI 发文期刊 WOSJCR 分区情况

排序	出版年	Q1 区发文量（篇）	Q2 区发文量（篇）	Q3 区发文量（篇）	Q4 区发文量（篇）	其他发文量（篇）
1	2011 年	38	43	31	17	14
2	2012 年	84	51	41	30	9
3	2013 年	81	47	40	23	6
4	2014 年	77	61	32	19	11
5	2015 年	99	73	43	17	3
6	2016 年	120	62	22	16	7
7	2017 年	123	67	43	29	5
8	2018 年	135	66	32	19	1
9	2019 年	148	99	37	17	2
10	2020 年	202	84	38	22	2

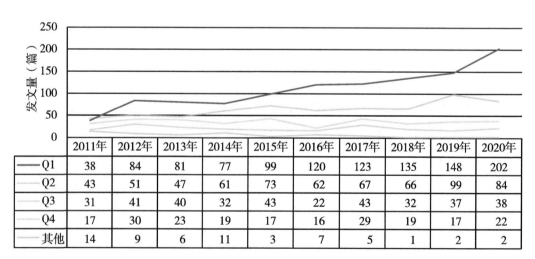

	2011年	2012年	2013年	2014年	2015年	2016年	2017年	2018年	2019年	2020年
Q1	38	84	81	77	99	120	123	135	148	202
Q2	43	51	47	61	73	62	67	66	99	84
Q3	31	41	40	32	43	22	43	32	37	38
Q4	17	30	23	19	17	16	29	19	17	22
其他	14	9	6	11	3	7	5	1	2	2

图 1-2 浙江省农业科学院 SCI 发文期刊 WOSJCR 分区趋势（2011—2020 年）

1.3 高发文研究所 TOP10

2011—2020 年浙江省农业科学院 SCI 高发文研究所 TOP10 见表 1-3。

表1-3　2011—2020年浙江省农业科学院SCI高发文研究所TOP10　　　　单位：篇

排序	研究所	发文量
1	浙江省农业科学院农产品质量标准研究所	382
2	浙江省农业科学院畜牧兽医研究所	223
3	浙江省农业科学院环境资源与土壤肥料研究所	176
4	浙江省农业科学院蔬菜研究所	172
5	浙江省农业科学院作物与核技术利用研究所	163
6	浙江省农业科学院园艺研究所	127
7	浙江省农业科学院食品科学研究所	120
8	浙江省农业科学院数字农业研究所	75
9	浙江省农业科学院蚕桑研究所	63
10	浙江省农业科学院花卉研究中心	49

1.4　高发文期刊TOP10

2011—2020年浙江省农业科学院SCI高发文期刊TOP10见表1-4。

表1-4　2011—2020年浙江省农业科学院SCI高发文期刊TOP10

排序	期刊名称	发文量（篇）	WOS所有数据库总被引频次	WOS核心库被引频次	期刊影响因子（最近年度）
1	PLOS ONE	90	719	632	3.24（2020）
2	SCIENTIFIC REPORTS	67	269	250	4.379（2020）
3	FRONTIERS IN PLANT SCIENCE	49	165	153	5.753（2020）
4	JOURNAL OF AGRICULTURAL AND FOOD CHEMISTRY	39	190	174	5.279（2020）
5	FOOD CHEMISTRY	36	218	189	7.514（2020）
6	INTERNATIONAL JOURNAL OF MOLECULAR SCIENCES	32	87	75	5.923（2020）
7	JOURNAL OF ECONOMIC ENTOMOLOGY	27	203	162	2.381（2020）
8	SCIENTIA HORTICULTURAE	25	90	72	3.463（2020）
9	SCIENCE OF THE TOTAL ENVIRONMENT	24	74	69	7.963（2020）
10	JOURNAL OF EXPERIMENTAL BOTANY	23	349	318	6.992（2020）

1.5 合作发文国家与地区 TOP10

2011—2020 年浙江省农业科学院 SCI 合作发文国家与地区（合作发文 1 篇以上）TOP10 见表 1-5。

表 1-5 2011—2020 年浙江省农业科学院 SCI 合作发文国家与地区 TOP10

排序	国家与地区	合作发文量（篇）	WOS 所有数据库总被引频次	WOS 核心库被引频次
1	美国	298	2 616	2 351
2	澳大利亚	70	611	552
3	德国	47	394	369
4	加拿大	31	285	250
5	巴基斯坦	30	79	68
6	日本	28	625	545
7	菲律宾	25	340	297
8	英格兰	24	343	321
9	新西兰	19	173	149
10	苏格兰	19	94	87

1.6 合作发文机构 TOP10

2011—2020 年浙江省农业科学院 SCI 合作发文机构 TOP10 见表 1-6。

表 1-6 2011—2020 年浙江省农业科学院 SCI 合作发文机构 TOP10

排序	合作发文机构	发文量（篇）	WOS 所有数据库总被引频次	WOS 核心库被引频次
1	浙江大学	561	3 486	3 085
2	中国科学院	183	1 750	1 506
3	中国农业科学院	175	1 304	1 058
4	南京农业大学	140	1 264	1 096
5	浙江工业大学	100	388	355
6	浙江师范大学	85	559	468
7	杭州师范大学	66	369	325
8	华中农业大学	66	335	283
9	中国农业大学	50	379	285
10	宁波大学	45	59	55

1.7 高频词 TOP20

2011—2020 年浙江省农业科学院 SCI 发文高频词（作者关键词）TOP20 见表 1-7。

表1-7　2011—2020年浙江省农业科学院SCI发文高频词（作者关键词）TOP20

排序	关键词（作者关键词）	频次	排序	关键词（作者关键词）	频次
1	rice	74	11	strawberry	17
2	gene expression	46	12	oxidative stress	17
3	Transcriptome	32	13	Brassica napus	17
4	genetic diversity	23	14	antioxidant activity	17
5	Cadmium	21	15	risk assessment	16
6	Chitosan	20	16	heavy metal	15
7	Duck	20	17	soil	15
8	Oryza sativa	19	18	biological control	15
9	Biochar	19	19	reactive oxygen species	14
10	Magnaporthe oryzae	18	20	Arabidopsis	14

2　中文期刊论文分析

2011—2020年，浙江省农业科学院作者共发表北大中文核心期刊论文3 063篇，中国科学引文数据库（CSCD）期刊论文2 221篇。

2.1　发文量

2011—2020年浙江省农业科学院中文文献历年发文趋势（2011—2020年）见图2-1。

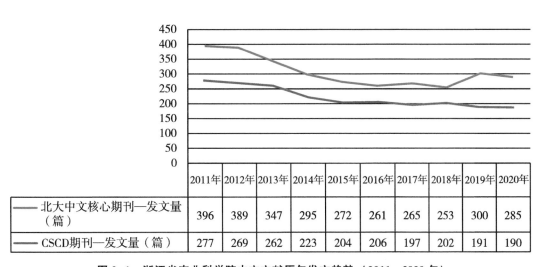

	2011年	2012年	2013年	2014年	2015年	2016年	2017年	2018年	2019年	2020年
北大中文核心期刊—发文量（篇）	396	389	347	295	272	261	265	253	300	285
CSCD期刊—发文量（篇）	277	269	262	223	204	206	197	202	191	190

图2-1　浙江省农业科学院中文文献历年发文趋势（2011—2020年）

2.2 高发文研究所 TOP10

2011—2020 年浙江省农业科学院北大中文核心期刊高发文研究所 TOP10 见表 2-1，2011—2020 年浙江省农业科学院中国科学引文数据库（CSCD）期刊高发文研究所 TOP10 见表 2-2。

表 2-1 2011—2020 年浙江省农业科学院北大中文核心期刊高发文研究所 TOP10 单位：篇

排序	研究所	发文量
1	浙江省农业科学院	670
2	浙江省农业科学院农产品质量标准研究所	503
3	浙江省农业科学院畜牧兽医研究所	330
4	浙江省农业科学院食品科学研究所	255
5	浙江省农业科学院作物与核技术利用研究所	251
6	浙江省农业科学院园艺研究所	215
7	浙江省农业科学院环境资源与土壤肥料研究所	167
8	浙江省农业科学院蔬菜研究所	166
9	浙江省农业科学院浙江柑橘研究所	112
10	浙江省农业科学院花卉研究中心	109
11	浙江省农业科学院浙江亚热带作物研究所	107

注："浙江省农业科学院"发文包括作者单位只标注为"浙江省农业科学院"、院属实验室等。

表 2-2 2011—2020 年浙江省农业科学院 CSCD 期刊高发文研究所 TOP10 单位：篇

排序	研究所	发文量
1	浙江省农业科学院	432
2	浙江省农业科学院农产品质量标准研究所	315
3	浙江省农业科学院作物与核技术利用研究所	230
4	浙江省农业科学院食品科学研究所	225
5	浙江省农业科学院畜牧兽医研究所	202
6	浙江省农业科学院园艺研究所	190
7	浙江省农业科学院环境资源与土壤肥料研究所	161
8	浙江省农业科学院蔬菜研究所	136
9	浙江省农业科学院蚕桑研究所	80
10	浙江省农业科学院浙江亚热带作物研究所	74
11	浙江省农业科学院浙江柑橘研究所	69

注："浙江省农业科学院"发文包括作者单位只标注为"浙江省农业科学院"、院属实验室等。

2.3 高发文期刊 TOP10

2011—2020 年浙江省农业科学院高发文北大中文核心期刊 TOP10 见表 2-3，2011—2020 年浙江省农业科学院高发文 CSCD 期刊 TOP10 见表 2-4。

表 2-3 2011—2020 年浙江省农业科学院高发文期刊（北大中文核心）TOP10　　单位：篇

排序	期刊名称	发文量	排序	期刊名称	发文量
1	浙江农业学报	626	6	浙江大学学报（农业与生命科学版）	60
2	核农学报	128	7	蚕业科学	56
3	中国食品学报	126	8	中国畜牧杂志	56
4	分子植物育种	117	9	食品科学	55
5	果树学报	62	10	农业生物技术学报	55

表 2-4 2011—2020 年浙江省农业科学院高发文期刊（CSCD）TOP10　　单位：篇

排序	期刊名称	发文量	排序	期刊名称	发文量
1	浙江农业学报	595	6	蚕业科学	56
2	核农学报	118	7	浙江大学学报．农业与生命科学版	56
3	分子植物育种	109	8	农业生物技术学报	51
4	中国食品学报	87	9	园艺学报	45
5	果树学报	61	10	中国水稻科学	43

2.4 合作发文机构 TOP10

2011—2020 年浙江省农业科学院北大中文核心期刊合作发文机构 TOP10 见表 2-5，2011—2020 年浙江省农业科学院 CSCD 期刊合作发文机构 TOP10 见表 2-6。

表 2-5 2011—2020 年浙江省农业科学院北大中文核心期刊合作发文机构 TOP10　　单位：篇

排序	合作发文机构	发文量	排序	合作发文机构	发文量
1	浙江大学	228	6	华中农业大学	55
2	浙江师范大学	218	7	中国农业科学院	54
3	浙江工商大学	147	8	浙江工业大学	48
4	南京农业大学	129	9	杭州师范大学	36
5	浙江农林大学	91	10	安徽农业大学	32

表 2-6　2011—2020 年浙江省农业科学院 CSCD 期刊合作发文机构 TOP10　　　单位：篇

排序	合作发文机构	发文量	排序	合作发文机构	发文量
1	浙江师范大学	188	6	浙江工业大学	40
2	浙江大学	170	7	华中农业大学	36
3	南京农业大学	99	8	杭州师范大学	33
4	浙江农林大学	66	9	安徽农业大学	30
5	中国农业科学院	48	10	海南大学	27